掌控Python
物联网实践

程 晨 编著

开启第一个IoT项目，迎接万物互联时代

科学出版社

北京

内 容 简 介

本书依托于物联网框架的三个层次:终端层、网络层、应用层,从物联网的基础内容开始,先大致介绍了不同的网络方案、通信协议、数据处理模块、云平台,然后基于掌控板、MQTT协议、OneNET平台、乐为物联平台展示,详细介绍了如何完成一个物联网整体项目。本书内容完全是开源的。

本书是一本物联网终端应用的入门书籍,针对具有一定Python基础,想要利用Python基于现有的一些物联网服务完成物联网项目的读者。

图书在版编目(CIP)数据

掌控Python.物联网实践/程晨编著.—北京:科学出版社,2021.6
ISBN 978-7-03-069156-9

Ⅰ.掌… Ⅱ.程… Ⅲ.软件工具–程序设计 Ⅳ.TP311.561

中国版本图书馆CIP数据核字(2021)第113603号

责任编辑:孙力维 杨 凯/责任制作:魏 谨
责任印制:师艳茹/封面设计:张 凌

北京东方科龙图文有限公司 制作
http://www.okbook.com.cn

科 学 出 版 社 出版
北京东黄城根北街16号
邮政编码:100717
http://www.sciencep.com

三河市春园印刷有限公司 印刷
科学出版社发行各地新华书店经销

*

2021年6月第 一 版 开本:787×1092 1/16
2021年6月第一次印刷 印张:12
字数:220 000

定价:68.00元
(如有印装质量问题,我社负责调换)

前言

　　国务院印发的《新一代人工智能发展规划》明确指出，人工智能已成为国际竞争的新焦点，我国应逐步开展全民智能教育项目，在中小学阶段设置人工智能相关课程，逐步推广编程教育，建设人工智能学科，培养复合型人才，形成我国人工智能人才高地。人工智能是引领未来的战略性技术，世界主要发达国家把发展人工智能作为提升国家竞争力、维护国家安全的重大战略。而事实上，Python已成为人工智能及编程教育的重要抓手。

　　Python是一种解释型、面向对象、动态数据类型的高级程序设计语言。它具有丰富而强大的库，能够很轻松地把用户基于其他语言（尤其是C/C++）制作的各种模块联结在一起。在IEEE发布的编程语言排行榜中，Python多年名列第一。Python可以在多种主流平台上运行，很多领域都采用Python进行编程。目前，几乎所有大中型互联网企业都在使用Python。

　　我们利用Python不仅可以开发深度学习的框架，针对物联网领域还可以使用精简的MicroPython。为了更好地介绍如何利用Python和MicroPython完成物联网项目的制作，笔者完成了本书的编写。阅读本书需要先掌握一些Python的基础知识，大家可以先阅读同系列的《掌控Python　初学者指南》，在掌握了Python的基础内容之后，再通过本书专门学习物联网相关的内容。

读者对象

　　本书是一本Python进阶的书籍，同时也是一本物联网终端应用的入门书籍，针对具有一定Python基础，想要利用Python基于现有的一些物联网服务完成物联网项目的读者，本书不要求读者具有物联网方面的经验，但必须有一定的Python基础。

主要内容

　　本书依托于物联网框架的三个层次：终端层、网络层、应用层，从物联网的基础内容开始，先大致介绍了不同的网络方案、通信协议、数据处理模块、云平台，然后基于掌控板、MQTT协议、OneNET平台、乐为物联平台展示，详细地介绍了如何完成一个物联网整体项目。本书内容完全是开源的，只要大家动手跟着操作，就能够完成一个物联网项目。

第1章和第2章简单介绍物联网的基础知识，包括物联网框架、常用通信方案、常用通信协议、终端硬件模块等。

第3章主要介绍仅依靠最基础的网络通信协议如何完成本地网络的通信。

第4章介绍网络中常用的数据格式，这些都是物联网的基石。

第5章基于MQTT和SIoT实现了本地的物联网通信。

第6章和第7章介绍基于云平台的物联网实现，包括与微信的交互。

第8章综合之前的内容，整体性地完成了一个物联网项目。

物联网是一个多学科综合应用的领域，包括云平台数据处理、网关搭建、不同网络通信方案的使用，本书仅仅针对MicroPython嵌入式的应用，可以说是物联网领域的冰山一角。要想真正掌握物联网的应用，还需要大家学习更多的知识。

本书的出版要感谢科学出版社的编辑，没有他们的辛苦工作，这本书不可能这么快与大家见面，另外还是要感谢现在正捧着这本书的您，感谢您肯花费时间和精力阅读本书，由于时间仓促，书中难免存在疏漏与错误，诚恳地希望您批评指正，您的意见和建议将是我巨大的财富。

目录

第 1 章　认识物联网
1.1　物联网的框架 ………………………………………………………… 1
1.2　物联网概念的形成 …………………………………………………… 3
1.3　物联网的应用领域 …………………………………………………… 3
1.4　物联网的典型应用 …………………………………………………… 4
1.5　AIoT 的概念 …………………………………………………………… 5

第 2 章　物联网基础
2.1　网络通信方案 ………………………………………………………… 7
2.2　网络通信协议 ………………………………………………………… 11
2.3　数据处理模块 ………………………………………………………… 14
2.4　物联网云平台 ………………………………………………………… 19

第 3 章　基于网络的简单交互
3.1　连接网络 ……………………………………………………………… 25
3.2　网络通信 ……………………………………………………………… 29
3.3　以网页形式反馈 ……………………………………………………… 33
3.4　基于网络的交互 ……………………………………………………… 41

第 4 章　数据存储与处理
4.1　文件操作 ……………………………………………………………… 63
4.2　CSV 文件 ……………………………………………………………… 74
4.3　JSON …………………………………………………………………… 79
4.4　正则表达式 …………………………………………………………… 81

第 5 章　本地物联网应用
5.1　安装运行 SIoT ………………………………………………………… 88
5.2　MQTT 协议原理 ……………………………………………………… 91
5.3　消息的发布和订阅 …………………………………………………… 93
5.4　利用掌控板发布和订阅消息 ………………………………………… 99

目 录

第 6 章 网络云平台
- 6.1 OneNET 平台 ········· 107
- 6.2 通过 OneNET 平台与掌控板交互 ········· 111
- 6.3 乐为物联平台 ········· 124
- 6.4 通过乐为物联平台与掌控板交互 ········· 129

第 7 章 基于微信交互
- 7.1 手机端小程序设置 ········· 140
- 7.2 小程序与掌控板交互 ········· 144
- 7.3 微信公众号 ········· 153

第 8 章 智慧花联网
- 8.1 项目概述 ········· 161
- 8.2 传感器使用 ········· 162
- 8.3 掌控板的广播功能 ········· 169
- 8.4 连接网络层 ········· 174
- 8.5 小程序界面设置 ········· 182

第1章 认识物联网

物联网（The Internet of Things，简称IoT）是在互联网技术的基础上结合传感器技术和通信技术发展起来的。简单来说，物联网是由各种信息传感设备与互联网结合起来形成的一个巨大网络，它让所有能够被独立寻址的普通物理对象形成互联互通的网络。

物联网是新一代信息技术的重要组成部分，又被称为泛互联，可以理解为"物联网就是物物相连的互联网"。这里有两层意思：第一，物联网的核心和基础仍然是互联网，是在互联网基础上延伸和扩展的网络；第二，其用户端延伸和扩展到了任何物品与物品之间，进行信息交换和通信。

物联网的理念是信息化时代的重要发展阶段，它彻底改变了人与物理世界的交互方式，实现了人与机器或电子设备之间的信息交流，甚至实现了机器与机器之间的信息交流（M2M）。

1.1 物联网的框架

物联网与其他网络一样，也有其基本的框架，大体来说，物联网由终端层、网络层和应用层三大部分组成，如图1.1所示。

图1.1 物联网的基本框架

1.1.1 终端层

终端层又称为感知层，主要是指用于采集数据信息和执行实际控制的各种终端。对于人类而言，我们是使用五官和皮肤，通过视觉、味觉、嗅觉、听觉和触觉来感知外部世界。而终端层则是通过各种传感器来获取环境及自身的数据信息。

另外，终端层通常还包含一个小的数据处理模块，这个模块会对传感器的数据进行简单处理，同时还有可能承担近距离通信的功能。

1.1.2 网络层

在成功获取了传感器的信息之后，就需要将这些数据发送出去并对数据进行存储，这个工作就是在网络层进行的。

网络层又称为网络传输层，主要是指对终端层各种数据的传输以及不同网络通信协议之间的加密解密、中转及适配。几乎任何一个物联网应用都会处理大量的数据，网络层的硬件载体就是各种服务器和数据存储器，这些硬件需要能够同时承载数以十万计的同步网络数据传输以及超大量的数据存储问题。同时服务器还需要考虑安全性、可维护性、不间断服务能力等问题。

1.1.3 应用层

应用层主要是指对数据的处理。在应用层会编写大量的数据处理程序对数据进行分析、组合、汇总及挖掘，让有用的数据以便于接受的形式表现出来，从而实现对物理世界的实时控制、精确管理和科学决策。

正是因为有了应用层对数据的不同处理方式，我们才能看到物联网在不同领域发挥着不同作用。比如智能电网中的远程抄表、高速公路的不停车自动缴费系统、智能家居中的远程家电控制等。

由于不同的行业对数据的应用需求是不一样的，所以，在开发应用层时通常会先聘请专业人士对项目进行梳理，通过对工程目标的分析，确定需要的数据种类、数据类型以及数据精度。

当然光有应用层还不行，这里面离不开终端层与网络层的参与。在确定了需要的数据种类、数据类型以及数据精度之后，就需要落实到终端层与网络层的硬件配置以及系统工程实现上。例如，在智能电网的远程抄表应用中：装在用户家中的电表就是终端层的设备，这个设备中有检测电流的传感器，电表在获取了用户的用电信息之后，通过电力载波的网络将数据发送到发电厂的服务器上。最后在应用层完成对用户用电信息的分析，并根据应用层设定的规则自动采取相关措施。

1.2 物联网概念的形成

物联网概念最早出现在比尔·盖茨1995年创作的《未来之路》（*The Road Ahead*）一书，在书中，比尔·盖茨已经提及物联网概念，只是当时受限于无线网络、硬件及传感设备的发展，并未引起世人的重视。

1999年，美国麻省理工学院Auto-ID实验室首先提出物联网的概念，主要是建立在物品编码、RFID技术和互联网的基础上。

在中国，物联网最初被称为传感网。中国科学院早在1999年就启动了传感网的研究，并建立了一些适用的传感网。

2005年11月17日，在突尼斯举行的信息社会世界峰会（WSIS：World Summit on the Information Society）上，国际电信联盟（ITU：International Telecommunication Union）发布了《ITU互联网报告2005：物联网》，正式提出了物联网的概念。报告指出，无所不在的物联网通信时代即将来临，世界上所有的物体，从轮胎到牙刷、从房屋到纸巾都可以通过因特网主动进行交换。传感器技术、纳米技术、智能嵌入技术将得到更加广泛的应用。

1.3 物联网的应用领域

物联网的应用领域涉及方方面面，其在工业、农业、环境、交通、物流、安保等基础设施领域的应用，有效地推动了这些领域的智能化发展，使得有限的资源得到了更加合理的分配，从而提高了行业效率；其在家居、医疗、健康、教育、金融与服务业、旅游业等与生活息息相关的领域的应用，使得这些领域从服务范围、服务方式到服务质量等方面都有了极大的改进，大大提高了人们的生活质量;在国防军事领域，大到卫星、导弹、飞机、潜艇等装备系统，

第 1 章　认识物联网

小到单兵作战装备，物联网技术的嵌入都有效提升了军事智能化、信息化、精准化，极大提升了军事战斗力，是未来军事变革的关键。

1.4　物联网的典型应用

1.4.1　智能交通

物联网技术在交通方面的应用算是比较多的。随着社会车辆越来越普及，交通拥堵甚至瘫痪已成为城市的一个大问题。应用物联网，可以对道路交通状况进行实时监控并将信息及时传递给驾驶人，让驾驶人及时调整出行方案；在高速路口设置道路自动收费系统（ETC：Electronic Toll Collection），免去进出车辆的取卡、还卡时间，提升了车辆的通行效率；在公交车上安装定位系统，乘客可以及时了解公交车行驶路线及到站时间，实时了解搭乘路线的公交状况。

另外，随着社会车辆增多，除了交通压力大幅增加以外，停车难的问题也日渐凸显，因此，不少城市推出了智慧路边停车管理系统，这个系统基于云计算平台，结合物联网技术与移动支付技术，共享车位资源，提高车位利用率，方便用户。

1.4.2　智能家居

智能家居是另一个物联网的主要应用领域。随着宽带业务的普及，智能家居产品涉及家庭生活的方方面面。家中无人时，可利用手机等产品客户端远程操控智能空调调节室温，甚至可以学习用户的使用习惯，从而实现全自动的温控操作；通过产品客户端还可以实现智能灯泡的开关、调控灯泡的亮度和颜色等；内置Wi-Fi的插座，可以实现遥控插座定时开关，有的插座甚至还可以监测设备用电情况，生成用电图表，让用户对用电情况一目了然；智能体重秤可以监测运动效果，甚至可以根据身体状况提出健康建议；智能牙刷与产品客户端相连，可以提供刷牙时间、刷牙位置提醒；智能摄像头、环境传感器、智能门铃、烟雾探测器、智能报警器等都是家庭不可缺少的安全监控设备，各种智能家居设备让我们的生活因为物联网变得更加轻松、美好。

1.4.3 公共安全

近年来全球气候异常情况频发,灾害的突发性和危害性进一步加大,互联网可以实时监测环境的不安全性情况,提前预防、实时预警、及时采取应对措施,降低灾害对人类生命财产的威胁。美国一所大学早在2013年就提出了研究深海的物联网项目,该项目将经过特殊处理的感应装置置于深海处,分析水下相关情况,为海洋污染的防治、海底资源的探测,甚至海啸预警提供了更加可靠的数据。另外,利用物联网技术还可以感知大气、土壤、森林、水资源等方面的各项指标数据,对于改善人类生活环境发挥巨大作用。

1.4.4 智慧农业

智慧农业是农业生产的高级阶段,是依托部署在农业生产现场的各种传感节点(环境温湿度、土壤水分、二氧化碳、图像等)和无线通信网络实现农业生产环境的智能感知、智能预警、智能分析、专家在线指导,为农业生产提供精准化种植、可视化管理、智能化决策。

1.4.5 智慧城市

智慧城市是物联网技术更大范围的一个应用,主要是指运用信息和通信技术手段感测、分析、整合城市运行核心系统的各项关键信息,从而对包括民生、环保、公共安全、城市服务、工商业活动在内的各种需求做出智能响应。其实质是利用先进的信息技术,实现城市智慧式管理和运行,进而为城市中的人创造更美好的生活,促进城市的和谐、可持续成长。智慧城市的范畴再扩大就是智慧国家或智慧地球的概念。

1.5 AIoT的概念

1.5.1 什么是AIoT?

本章的最后,我们来介绍一个新的概念——AIoT(智能物联网),AIoT

是在物联网的基础上提出的概念。广义来说，AIoT就是人工智能（AI：Artificial Intelligence）技术与物联网（IoT：Internet of Things）技术在实际应用中的融合。这并不是一种新的技术，而是一种新的IoT应用形态。如果物联网是将所有可以行使独立功能的普通设备或电子器件实现互联互通，用网络连接万物，那AIoT则是在此基础上赋予其更智能化的特性，做到真正意义上的万物互联。

1.5.2　AIoT概念的形成

AIoT概念兴起于2018年，指系统通过各种信息传感器实时采集各类信息（一般是在监控、互动、连接情境下的），在终端设备、边缘域或云中心通过机器学习对数据进行智能化分析，包括定位、比对、预测、调度等。在技术层面，人工智能使物联网获取感知与识别能力，物联网为人工智能提供训练算法的数据；在商业层面，二者共同作用于实体经济，促使产业升级、体验优化。从具体类型来看，主要有具备感知/交互能力的智能联网设备、通过机器学习手段进行设备资产管理、拥有联网设备和AI能力的系统性解决方案等三大类。从协同环节来看，主要解决感知智能化、分析智能化与控制/执行智能化的问题。

第2章 物联网基础

完整的物联网通常是由传感器、处理模块、通信模块、网络协议、云平台、应用软件、服务等组成的一个综合体。与传统的互联网产业以及传统的电子产品产业相比，物联网产业一般具有以下特点：

（1）包含多种多样的传感器。

（2）需要尺寸小、功耗低的数据处理模块。

（3）网络方案灵活多样，有时也要考虑低功耗的问题。

（4）终端层网络通信协议带宽低、流量小。

本章我们将从网络通信方案、网络通信协议、数据处理模块和物联网云平台这几个方面介绍物联网的各个组成部分。

2.1 网络通信方案

网络的类型和形式是物联网数据传输的基础。物联网针对不同的应用场景会使用不同类型的网络通信方案。

2.1.1 无线网络

在物联网行业中，由于设备的多样性和应用场景的复杂性，通常采用无线网络方案。

所谓无线网络是指无须布线就能实现各种通信设备互联的网络，是对一类用无线电技术传输数据的网络的总称。无线网络技术涵盖范围很广，既包括允许用户建立远距离无线连接的全球语音和数据网络，还包括为近距离无线连接进行优化的红外线及射频技术。

无线网络是通过发射无线电波来传递网络信号的，只要处于发射范围之内，人们就可以利用相应的接收设备来实现对相应网络的连接，极大地摆脱了空间和时间方面的限制。另外，无线网络扩展性能相对较强，可以有效实现网络工作的扩展。用户在访问信息时也更加高效和便捷，提升了网络的使用效率。

网络拓扑结构方面，在有线网络中，有五大网络拓扑结构，分别是总线（Bus）、令牌环（Ring）、星型（Star）、树型（Tree）和网状（Mesh），而在无线网络中，只有星型和网状两种拓扑结构。在星型结构中，主要由一台中心计算机负责各客户机之间的通信，每两个客户机之间通信都要经过这台中心计算机。网状拓扑结构没有负责各客户机之间通信的中心计算机，而是每个客户机与其通信范围内的其他客户机直接通信。

2.1.2 Wi-Fi

很多人认为Wi-Fi就是无线网络，确切地说，Wi-Fi是无线网络技术的一个品牌，由Wi-Fi联盟所持有，目的是改善基于IEEE 802.11标准的无线网络产品之间的互通性，它只是无线网络中一个具体的实现技术，只是因为在现实生活中Wi-Fi应用广泛，所以有人把使用IEEE 802.11标准的局域网就称为Wi-Fi，甚至把Wi-Fi等同于无线网络。

Wi-Fi是有线网络的一个延伸，常见的应用场景就是采用无线路由器将有线网络转换成无线网络，那么在这个无线路由器的电波覆盖的有效范围内都可以采用Wi-Fi连接方式进行联网，如果无线路由器连接了一条ADSL线路或者其他上网线路，则这个无线路由器又被称为热点。

Wi-Fi的优点是速度相对较快，能够不需要网桥直接接入互联网，可以无缝地与手机、电脑进行通信，接入网络方便，带宽较宽。而这种网络方案的缺点是功耗较高，不适用于需要电池长时间供电的物联网终端设备。

2.1.3 移动网络

移动网络是由基站构成的无线网络。相对于Wi-Fi来说，移动网络覆盖率更高，使用移动网络可以更加灵活地部署物联网设备（只要有基站覆盖即可）。

移动网络的缺点也是功耗较大，另外设备采用2G、3G、4G或目前最新的5G网络进行通信时需要消耗流量，运营商会收取流量费用。这对于数据量较低的应用来说问题不大，但对于数据量很大的应用来说，可能就需要考虑流量的费用了。因此，虽然移动网络比Wi-Fi覆盖率更高，但通常很少采用。

2.1.4 ZigBee

ZigBee，也称紫蜂，是一种低速短距离传输的双向无线通信技术，底层是采用IEEE 802.15.4标准规范的媒体访问层与物理层，拥有低复杂度和短距离以及低成本和低功耗等优点。ZigBee无线通信技术可应用于大量的微小终端之间，还可应用于小范围的基于无线通信的控制及自动化等领域。

ZigBee无线通信可工作在2.4GHz（全球适用）、868MHz（欧洲适用）和915MHz（美国适用）3个频段上，分别具有最高250Kb/s、20Kb/s和40Kb/s的传输速率，传输距离在10～75m的范围内。增加发射功率后，传输距离能增加到1km～3km，传输距离指的是相邻节点间的距离。如果通过路由和节点间通信的接力，传输距离将会更远。ZigBee无线通信可由65535个无线数传模块组成一个无线网络平台，在整个网络范围内，任意模块之间都可以相互通信。ZigBee无线通信主要特点有低速、低耗电、低成本、支持大量网上节点、支持多种网上拓扑、低复杂度、快速、可靠、安全。

在ZigBee无线通信中，为了避免在传输数据的时候发生信号碰撞，产生不稳定的传输，采用高效的碰撞避免机制，较好地保障了数据的安全传输。另外其兼容性也很强大，在连接家庭中的网络时不会发生碰撞，可以很好地与家庭中的网络相融合。

2.1.5 BLE

BLE即低功耗蓝牙（Bluetooth Low Energy，也叫做蓝牙低能耗），是蓝牙技术联盟设计和销售的一种个人局域网技术。蓝牙本身是一种短距离的无线通信技术，可实现固定设备、移动设备之间的数据交换，不过之前的蓝牙通信只能实现点对点的数据交换。一般将蓝牙3.0之前的BR/EDR蓝牙称为传统蓝牙，而将基于蓝牙4.0规范的LE蓝牙称为低功耗蓝牙。

蓝牙4.0规范包括传统蓝牙模块部分和低功耗蓝牙模块部分，是一个双模标准。低功耗蓝牙也是在传统蓝牙基础之上发展起来的，区别于传统蓝牙模块，其最大的特点就是成本和功耗均降低，主要用于医疗保健、运动健身、信标、安防、家庭娱乐等领域的新兴应用。

BLE技术采用与传统蓝牙技术相同的工作频率（2.400GHz～2.4835GHz，

ISM频段），但使用另一组信道。在一个信道内，数据使用高斯频移调制传输，比特率能达到1Mb/s，最大发射功率10mW。

BLE设备通过广播宣告（advertising）数据包的方式被发现。为减少干扰，会使用三个独立信道（频率）完成宣告。宣告设备在这三个频道中的至少一个上发送数据包，发送周期被称为宣告间隔。为减少多次连续冲突的概率，每个宣告间隔都会增加一个最长10ms的随机延迟。扫描器则在扫描窗口时对信道进行监听，扫描周期性重复。

2.1.6 NB-IoT

NB-IoT是窄带物联网（Narrow Band Internet of Things）的简写。这是IoT领域的一个新兴技术，支持低功耗设备在广域网的蜂窝数据连接，支持待机时间长、对网络连接要求较高设备的高速连接，能够提供非常全面的室内蜂窝数据连接覆盖。

NB-IoT和现在的移动网络兼容，主要基于移动网络3G技术的演进。和移动网络通信（以及BLE、Wi-Fi等短距离无线网络技术）相比，NB-IoT特点如下：

（1）覆盖范围更广。相比传统移动网络，一个基站可以覆盖10倍于其面积的范围，一个NB-IoT基站可以覆盖半径10km的范围。同时NB-IoT比现有的移动网络提升了20dB的增益，能覆盖地下车库、地下室、地下管道等网络信号难以到达的地方。

（2）支持海量连接。NB-IoT的一个扇区可以提供多达10万个连接。

（3）低功耗。使用AA电池（5号电池）便可以工作十年，无须充电。NB-IoT引入了eDRX（DRX为Discontinuous Reception，指不连续接收，而eDRX是扩展不连续接收）省电技术和PSM（Power Saving Mode）省电模式，进一步降低了功耗，延长了电池使用时间。在PSM模式下，终端仍旧注册在网，但信令不可达，从而使终端更长时间驻留在深睡眠状态，以达到省电的目的。eDRX省电技术进一步延长终端在空闲模式下的睡眠周期，减少接收单元不必要的启动，相对于PSM，大幅度提升了下行可达性。

（4）移动性做了简化。物联网终端使用NB-IoT的大部分场景是静止的，移动性简化之后可以降低协议的复杂度，同时降低模块成本。

2.2 网络通信协议

了解了网络通信方案之后,我们再来了解一下网络通信协议。

2.2.1 TCP/IP协议

为了实现网络通信,需要保证通信双方基于一套统一的数据形式。早期的网络通信,都是由各厂商自己规定一套数据发送接收的形式,这些数据形式互不兼容。后来为了把全世界所有不同类型的网络设备都连接起来,规定了一套全球通用的数据形式,称为TCP/IP协议。

TCP/IP(Transmission Control Protocol/Internet Protocol,传输控制协议/网络协议)是指能够在多个不同网络间实现信息传输的协议。TCP/IP协议实际上不仅仅指的是TCP和IP两个协议,而是指一个由FTP、SMTP、TCP、UDP、IP等协议构成的协议簇,只不过最重要的两个协议是TCP和IP协议,所以,大家把网络协议简称为TCP/IP协议。

TCP/IP协议在一定程度上参考了OSI(开放系统互联,Open System Interconnection)的体系结构。OSI模型共有七层,从下到上分别是物理层、数据链路层、网络层、运输层、会话层、表示层和应用层。这个结构太复杂,所以在TCP/IP协议中,被简化成了四个层次。

(1)应用层、表示层、会话层三个层次提供的服务差别不大,所以在TCP/IP协议中,它们被合并为应用层。在应用层中不同种类的应用程序会根据各自的需要使用不同的协议。

(2)运输层和网络层在网络协议中的地位十分重要,所以在TCP/IP协议中它们被作为独立的两个层次。

(3)数据链路层和物理层的内容差不多,所以在TCP/IP协议中它们被归并为网络接口层。网络接口层既是传输数据的物理媒介,也可以为网络层提供一条准确无误的线路。

在网络通信的过程中,将发出数据的主机称为源主机,接收数据的主机称为目的主机。当源主机发出数据时,数据在源主机中从上层向下层传送。源主机中的应用进程先将数据交给应用层，应用层将数据加上必要的控制信息后就成了报文流，向下传送给传输层。传输层将接收到的数据单元加上本层的控制信息，形成报文段、数据报，再交给网络层。网络层将数据加上本层的控制信息，形成IP数据报，传送给网络接口层。网络接口层将网络层交下来的IP数据报组装成帧，并以比特流的形式传送给网络硬件（即物理层），数据就离开了源主机。

数据离开源主机之后是以广播的形式发送出去的，不过这个数据中包含了目的主机的信息，因此，只有目的主机的网络接口层才会进一步地处理这些数据。数据到达目的主机之后，则是从下层向上层传送的。

基于TCP/IP协议建立的连接需要经过三次确认机制，即在正式收发数据前必须和对方建立可靠的连接，建立连接之后双方才正式开始传送数据。

2.2.2 HTTP协议

HTTP协议（超文本传输协议，Hypertext Transfer Protocol）是基于C/S模式（即客户端/服务器模式，服务器负责数据的管理，客户端负责完成与用户的交互任务）进行通信的，这种协议是一个简单的请求-响应协议，它通常运行在TCP之上。HTTP协议指定了客户端可能发送给服务器的消息类型以及服务器的响应方式。通信的时候，客户端向服务器发送请求，服务器按照指定的方式将信息反馈给客户端，因此，服务器会一直查询是不是有客户端向自己发送请求。

HTTP协议最早是为通过网络浏览器上网浏览信息的场景而设计的。典型的HTTP通信过程如下：

（1）客户端与服务器建立连接。

（2）客户端向服务器提出请求。

（3）服务器接受请求，并根据请求返回相应的文件作为应答。

（4）客户端与服务器关闭连接。

通过这个过程能够看出，客户端与服务器之间的HTTP连接是一种一次性连接，它限制每次连接只处理一个请求，当服务器返回本次请求的应答后便立即关闭连接，下次请求再重新建立连接。这种方式能够大大减轻服务器的负担，从而保持较快的响应速度。不过在HTTP/1.1协议中，引入了保持活动机制。

2.2.3 WebSocket协议

WebSocket是一种在单个TCP连接上能够同时进行双向通信的协议。在WebSocket协议之前，双向通信是通过多个HTTP连接实现的。WebSocket协议使得客户端和服务器之间的数据交换变得更加简单，它允许服务器主动向客户端推送数据。在WebSocket API中，浏览器和服务器只需要完成一次连接，两者之间就可以直接创建持久性的连接，并进行双向数据传输。

2.2.4 CoAP协议

CoAP是指受限制应用协议（Constrained Application Protocol）。由于物联网中很多设备的资源都是有限的，即只有少量的内存空间和有限的计算能力，所以传统的HTTP协议应用在物联网上就显得过于庞大。这样就使得那些微型设备接入网络很麻烦。

为了让资源有限的微型设备能够接入网络，人们设计了CoAP协议。CoAP协议非常小巧，基于UDP协议，也就是在设备终端上只需要底层实现UDP协议，而不需要实现较为复杂的TCP协议。另外，CoAP协议的报头也非常小，只有短短的4B的基本报头，基本报头后面跟有扩展选项。一个典型的请求报头为10～20B。

CoAP协议共有四种不同的消息类型：

（1）CON：需要被确认的请求。如果CON请求被发送，那么对方必须做出响应。

（2）NON：不需要被确认的请求。如果NON请求被发送，那么对方不必做出响应。

（3）ACK：应答消息。

（4）RST：复位消息。当接收端接收的信息包含一个错误时，复位消息将被发送。

2.2.5 MQTT协议

MQTT（Message Queuing Telemetry Transport，消息队列遥测传输）是

IBM针对物联网推出的一种轻量级灵活的网络协议,该协议建立在TCP/IP协议之上,是一种支持异步通信的消息协议。异步消息协议可以在空间和时间上将消息发送者和接收者分离,可以在不可靠的网络环境中使用。

MQTT协议采用发布/订阅模式,所有物联网终端都通过TCP连接到云端,云端通过主题的方式管理各个设备关注的通信内容,负责设备与设备之间消息的转发。MQTT协议中有三个角色,即服务器代理、订阅者和发布者。在服务器代理启动后,订阅者向服务器代理订阅相关主题,而发布者向服务器代理发布主题信息,最后服务器代理向所有订阅该主题的订阅者推送消息。

MQTT协议有三种消息发布服务质量:

(1)"至多一次",消息发布完全依赖于底层的TCP/CP网络,可能会出现消息丢失或重复,这种服务质量可用于环境数据的传输,即丢失一次数据无所谓,不久就会再发送一次。

(2)"至少一次",确保消息送达,不过消息可能会重复发送。

(3)"只有一次",这是最高等级的服务质量,消息丢失和重复都是不可接受的。使用这个服务质量等级会有额外的开销。

2.3 数据处理模块

在获取了传感器的数据之后,通常都需要一个数据处理模块来对数据进行简单处理,本节就来介绍常用的主控板。

2.3.1 Arduino

Arduino是源自意大利的一个开源硬件平台,该平台包括一块具有简单引脚输入输出功能的电路板以及一套程序开发环境。Arduino可以用来开发交互产品,可以读取大量开关和传感器信号,并能够控制各式各样的外围设备,比如电灯、电机和其他物理设备。另外,Arduino针对不同的应用场景,有不同性能和尺寸的型号,因此,非常适合用作物联网终端层的数据处理模块。

目前最常用的型号是Arduino Uno R3,其正面如图2.1所示。

2.3 数据处理模块

图2.1　Arduino Uno R3正面

Arduino Uno R3的大小为6.0cm×5.33cm，具有14个数字I/O口（其中6个可提供PWM输出），6个模拟输入口（模拟输入口也可以用作数字I/O口），一个复位开关，一个ICSP下载口。支持串行通信、SPI通信、IIC通信、USB通信，可通过USB接口供电，也可以使用单独的7～12V电源供电。

这个模块基本能够满足绝大多数的教学和应用场景，如果我们想使用小一些的Arduino控制板，还可以选择Arduino Nano，其外形如图2.2所示。

图2.2　Arduino Nano

Arduino Nano的性能指标与Arduino Uno R3一致，但是省去了外部DC电源接口，USB接口也使用的是较为小巧的Mini-USB接头，这样就将其尺寸缩小到1.8cm×4.5cm。如果这个尺寸还觉得比较大的话，还可以考虑选择Arduino Mini，这个型号在Arduino Nano的基础上省去了USB接口，其大小只有1.8cm×3.33cm。

2.3.2 micro:bit

micro:bit是英国广播电视公司（BBC）为青少年编程教育设计，联合微软、三星、ARM、英国兰卡斯特大学等共同完成开发的一款微型电脑，相比于Arduino，micro:bit主要针对中小学生编程教育。因此，在控制板上集合了数种传感器，可以让学生无门槛地连接编程和控制硬件。

虽然集合了多种传感器，但micro:bit的尺寸并不大，只有5cm×4cm，同时控制板的扩展接口也没有采用面向面包板的插针形式，而是更加友好的金手指形式。micro:bit的正面如图2.3所示。

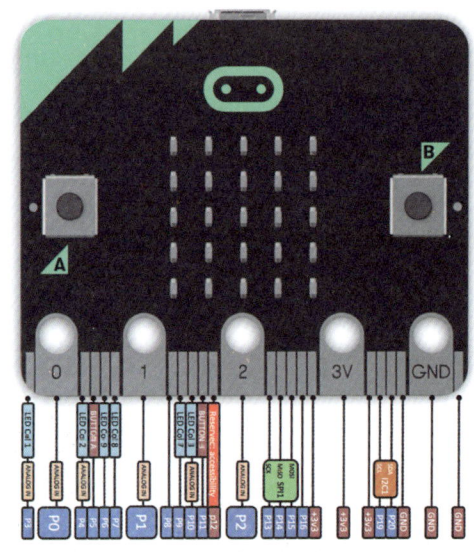

图2.3　micro:bit的正面示意图

micro:bit集成了蓝牙、2.4G无线、加速度传感器、电子罗盘、温度传感器、光线传感器，支持串行通信、SPI通信、IIC通信、USB通信，可通过USB接口供电，也可以使用两节碱性电池供电。控制板的正面中间是由25个独立的LED组成的5×5的低像素点阵屏（可显示字母或简单的图标）。

2.3.3 Raspberry Pi Pico

Raspberry Pi Pico是树莓派基金会于2021年发布的首款微控制器级产品。

相比其他树莓派，RaspBerry Pi Pico体积更小，整体尺寸仅有21mm×51mm，其外观如图2.4所示。

Raspberry Pi Pico通过一个Micro USB Type B端口与计算机相连，产品采用自研的RP2040微控制器芯片，如图2.5所示。

图2.4　Raspberry Pi Pico

图2.5　Raspberry Pi Pico上的RP2040微控制器芯片

RP2040微控制器芯片采用7mm×7mm QFN-56封装，搭载Arm Cortex M0+双核处理器，运行频率为133MHz，内置264KB的SRAM和2MB板载闪存，拥有30个GPIO引脚，其中4个可以作为模拟输入，2个SPI，2个I^2C，2个UART，16个可控PWM通道。专用的QSPI总线可支持多达16MB的片外闪存。支持UF2的USB大容量存储启动模式，用于拖放式编程。

2.3.4　NodeMCU

NodeMCU是基于ESP8266开发的一款小型控制板，其外观如图2.6所示。

图2.6　NodeMCU

NodeMCU有点像一个带Wi-Fi的加强型Arduino，支持串行通信、SPI通信、IIC通信，可通过USB接口供电。

2.3.5 掌控板

掌控板是国内创客教育专家委员会、猫友汇、广大一线老师共同提出需求,并与创客教育行业优秀企业代表共同研发的教具、学具,是一块为科技教育而生的国产开源硬件。

掌控板正面与背面的元件布局如图2.7所示。它集成了ESP32高性能双核芯片,使用当下最流行的Python编程语言,同时集成了多个传感器。

元件布局正面

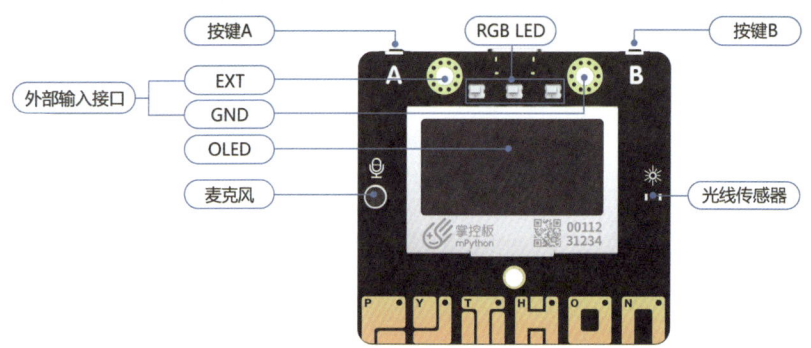

元件布局背面

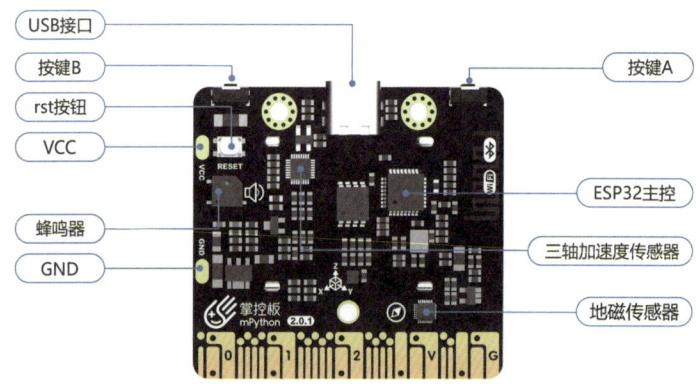

图2.7 掌控板的元件布局

掌控板的尺寸约为信用卡一半大小,具有20个数字I/O口(其中12个可提供PWM输出,6个支持触摸输入,5个支持模拟输入),支持串行通信、SPI通信、IIC通信、USB通信、蓝牙、Wi-Fi,可通过USB接口供电。由图2.7能够看到,掌控板的正面有三个全彩LED、一块OLED显示屏、一个麦克风、一个光线传感器。上面还是有两个交互按键(按键A和按键B),注意这两个按键是在掌控板上方的，所以在背面布局图中也能看到它们。而掌控板的背面有USB接口（用于连接计算机）、一个复位按钮（rst按钮）、一个蜂鸣器、一个加速度传感器、一个地磁传感器。

本书中使用的数据处理模块主要就是掌控板。

2.4 物联网云平台

最后我们再来了解一下常用的物联网平台。

2.4.1 OneNET平台

OneNET是由中国移动打造的物联网开放平台。平台能够帮助开发者轻松实现设备接入与设备连接，快速完成产品开发部署，为智能硬件、智能家居产品提供高效、稳定、安全的物联网平台。平台面向设备，适配多种网络环境和常见传输协议，提供各类硬件终端的快速接入方案和设备管理服务；平台面向企业应用，提供丰富的API和数据分发能力以满足各类行业应用系统的开发需求，使物联网企业可以更加专注于自身应用的开发，而不用将工作重心放在设备接入层的环境搭建上，从而缩短物联网系统的形成周期，降低企业研发、运营和维护成本。

OneNET平台的架构如图2.8所示。

OneNET平台的功能如下：

（1）设备接入方面。支持多种行业及主流标准协议的设备接入，如CoAP（LWM2M）、MQTT、Modbus、HTTP等，满足多种应用场景的使用需求。提供多种语言开发SDK，帮助开发者快速实现设备接入。支持用户协议自定义，通过上传解析脚本完成协议的解析。

（2）设备管理方面。提供设备生命周期管理功能，支持用户进行设备注册、设备更新、设备查询、设备删除。提供设备在线状态管理功能，提供设备上下线的消息通知，方便用户管理设备的在线状态。提供设备数据存储能力，便于用户进行设备海量数据存储与查询。提供设备调试工具以及设备日志，便于用户快速调试设备以及定位设备问题。

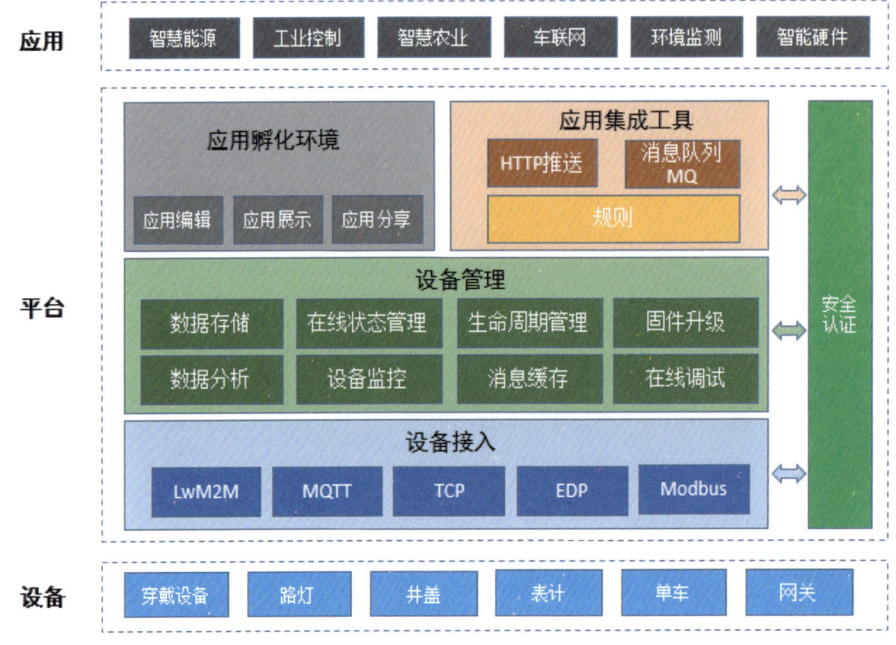

图2.8 OneNET平台的架构

(3)数据及访问安全方面。提供加密通道,保证用户数据的传输安全。支持用户采用私有协议以及私有加密方式进行数据传输,保证数据安全。分布式结构、异地双活等多重数据保障机制,提供安全的数据存储服务。支持安全的访问鉴权机制,有效降低密钥以及访问令牌被仿冒的风险。

(4)API支持方面。开放的API接口,通过简单的调用快速实现生成应用。不断丰富的API种类,包括设备增删改查、数据流创建、数据点上传、命令下发等,帮助用户便捷地构建上层应用。

(5)应用集成工具方面。提供消息队列MQ,便于用户应用系统快速获取设备数据/事件。提供HTTP推送服务,可以将数据以HTTP请求的方式主动推送至应用系统。支持简单规则配置,用户可自定义数据处理逻辑。

(6)应用孵化工具方面。为初创用户提供简易应用生成工具,快速实现简单应用。提供丰富的图表展示组件,满足多场景使用需求。

(7)消息分发与事件警告方面。将采集的各类数据通过消息转发、短(彩)信推送、APP信息推送方式快速告知业务平台、用户手机、APP客户端,建立双向通信的有效通道。打造事件触发引擎,用户可以基于引擎快速实现应用逻辑编排。

2.4 物联网云平台

目前，OneNET平台物联网专网已经应用于环境监控、远程抄表、智慧农业、智能家电、智能硬件、节能减排、车联网、工业控制、物流跟踪等多种商业领域。

2.4.2 AWS IoT平台

AWS IoT是由亚马逊（Amazon）提供的云服务平台，该平台能够通过MQTT和HTTP在连接Internet的设备（如传感器、执行器、嵌入式设备或智能设备）和AWS云之间实现安全的双向通信。

AWS IoT平台可支持数十亿台设备和数万亿条消息，可以对这些消息进行处理，并将其安全可靠地路由至AWS终端节点和其他设备。应用程序可以随时跟踪所有设备并与其通信，即使这些设备未处于连接状态也不例外。

AWS IoT平台的架构如图2.9所示。

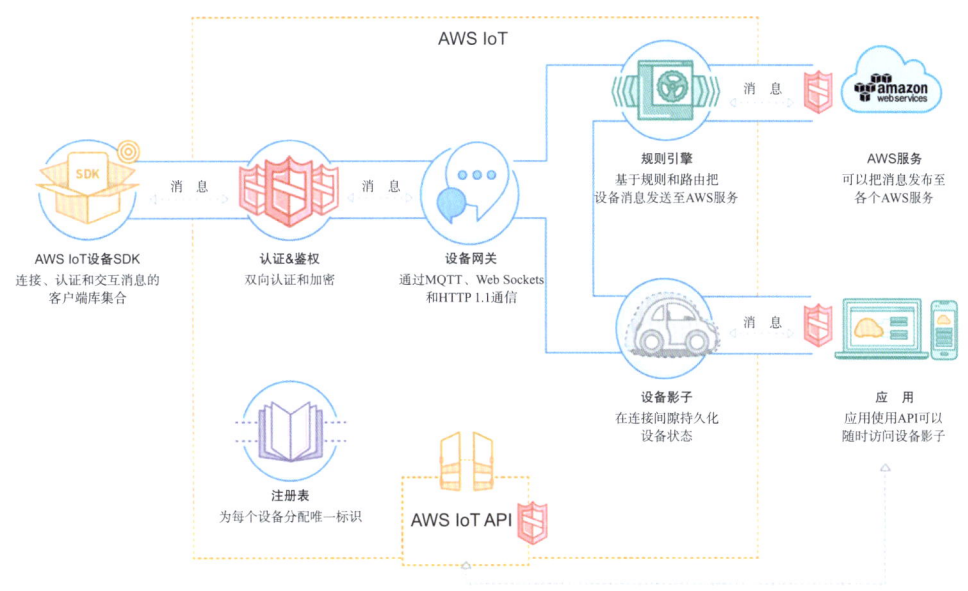

图2.9　AWS IoT平台的架构

AWS IoT平台的优势如下：

（1）全方位服务。AWS拥有从边缘到云端的全方位深入的IoT服务。设备软件、Amazon FreeRTOS和AWS IoT Greengrass提供本地数据收集和分析能力。在云端，AWS IoT是唯一一家将数据管理和丰富分析集成在易于使用的服务中的供应商，这些服务专为繁杂的IoT数据而设计。

（2）多层安全性。AWS IoT平台提供适用于所有安全层的服务。AWS IoT平台包括预防性安全机制，如设备数据的加密和访问控制。AWS IoT平台还提供持续监控和审核安全配置的服务。用户可以接收警报，以便缓解潜在的安全问题，例如将安全修复程序推送到设备。AWS IoT平台会在所有连接点的范围内提供身份验证和端到端的加密服务，绝不会在没有可靠标识的情况下，在设备和AWS IoT平台之间交换数据，也可以通过设定具体的级别来保护设备和应用程序的访问权限。

（3）结合人工智能。AWS将AI和IoT结合在一起，使设备更加智能化。用户可以在云端创建模型，然后将它们部署到运行速度达到其他产品2倍的设备上。AWS IoT平台将数据发回至云端，以持续改进模型。与其他产品相比，AWS IoT平台还支持更多的机器学习框架。

（4）应用广泛。AWS IoT平台构建在可扩展的、安全且经过验证的云基础设施之上，可扩展到数十亿台设备和数万亿条消息。AWS IoT平台还与AWS Lambda、Amazon S3、Amazon SageMaker等服务集成，从而让用户可以构建完整的解决方案，例如，使用AWS IoT平台管理摄像机并使用Amazon Kinesis进行机器学习的应用程序。

（5）随时获取设备状态。AWS IoT平台会保存设备的最新状态，以便能随时获取或设置设备状态，使设备对于应用程序来说似乎一直处于在线状态。同时AWS IoT平台可以按照约定的规则快速筛选和处理设备数据，以及随时更新规则以应用新设备或新功能。

2.4.3 阿里云IoT平台

通过名字我们就能知道阿里云IoT是由阿里云提供的云服务平台，该平台的产品架构主要分为四个部分：IoT Hub、设备管理、规则引擎和安全认证。其中IoT Hub主要负责设备的接入；设备管理主要负责管理设备的生命周期、物模型等；规则引擎用来进一步处理设备上传的数据；安全认证模块是物联网安全中必不可少的环节，所有设备在接入物联网平台的时候都需要鉴权信息和安全认证。

阿里云IoT平台的架构如图2.10所示。

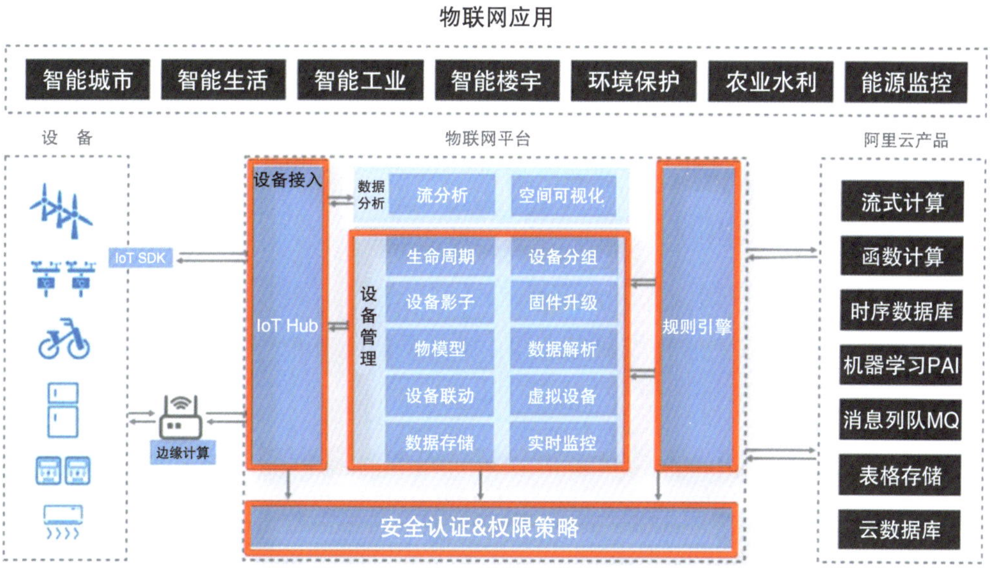

2.4 物联网云平台

图2.10 阿里云IoT平台的架构

阿里云IoT平台的主要功能如下：

（1）设备接入方面。开源多种平台设备端代码，提供跨平台移植指导，赋能企业基于多种平台做设备接入。提供MQTT、CoAP等多种协议的设备SDK，既满足长连接的实时性需求，也满足短连接的低功耗需求。

（2）设备与云端通信方面。设备可以使用物联网平台，通过IoT Hub与云端进行双向通信。物联网平台提供设备与云端的上下行通道，为设备上报与指令下发提供稳定可靠的支撑。

（3）设备管理方面。提供完整的设备声明周期管理功能，支持设备注册、功能定义、脚本解析、在线调试、远程配置、固件升级、远程维护、实时监控、分组管理、设备删除。提供设备物模型，简化应用开发。提供设备上下线变更通知服务，方便实时获取设备状态。提供数据存储能力，方便用户进行海量设备数据的存储及实时访问。支持OTA升级，赋能设备远程升级。

（4）身份认证安全能力方面。提供一机一密的设备认证机制，降低设备被攻破的安全风险，适合有能力批量预分配ID密钥烧入到每个芯片的设备，安全级别高。提供一型一密的设备预烧，认证时动态获取三元组，适合批量生产时无法将三元组烧入每个设备的情况，安全级别普通。

（5）通信安全能力方面。支持TLS（MQTT\HTTP）、DTLS（CoAP）数

据传输通道，保证数据的机密性和完整性，适用于硬件资源充足、对功耗不是很敏感的设备，安全级别高。支持TCP（MQTT）、UDP（CoAP）自定义数据对称加密通道，适用于资源受限、功耗敏感的设备，安全级别普通。支持设备权限管理机制，保障设备与云端安全通信。

（6）规则引擎解析转发数据方面。配置规则实现设备之间的通信，快速实现M2M场景。将数据转发到消息队列（MQ）中，保障应用消费设备上行数据的稳定可靠性。将数据转发到流计算（Stream Compute）中，提供设备数据采集+流式计算的联合方案。

（7）服务端订阅设备消息方面。设备连接物联网平台后，数据直接上报至平台，平台上的数据可以通过HTTP/2通道流转至服务器。在这一步中，将配置HTTP/2服务端订阅功能，服务器可以通过接入HTTP/2 SDK接收设备数据。

2.4.4 乐联网平台

乐联网是由爱好者维护的一个物联网云服务平台。该平台提供从感知设备、传输网络、存储计算、应用平台到用户终端的全架构解决方案。目前平台已支持多种类型数据的接入与展示，并且当数据达到设定的阈值时，平台还会自动按照设定好的规则给用户发送邮件或短信，甚至还能通过微信进行交互。

2.4.5 SIoT

SIoT是一个针对学校场景的开源免费的MQTT服务器软件，可一键创建本地物联网服务器，在本地实现物联网应用。通过SIoT学生能够理解物联网的原理，并且能够基于物联网技术开发各种创意应用。

第3章 基于网络的简单交互

在了解了物联网的整体概念之后，本章将进入实操环节。我们不考虑物联网的复杂架构，先通过掌控板实现一个基于网络的简单交互。

3.1 连接网络

掌控板自带Wi-Fi功能，这个特征让掌控板非常适合用于物联网设备的产品原型制作，在不用单独布线、架线的情况下，掌控板可直接连接附近的网络，作为一个网络节点设备。或者更加直接地，作为热点提供网络交互的功能。

3.1.1 wifi类

掌控板提供了便捷的Wi-Fi连接方式，支持STA模式（作为节点连接到路由器）和AP模式（作为设备连接到掌控板）。要建立Wi-Fi连接，需要用到mpython库中的wifi类，基于wifi类创建对象的代码如下：

```
mywifi = wifi()
```

由于掌控板有两个Wi-Fi接口，所以创建wifi对象之后有sta和ap两个对象（使用REPL时）。

```
>>> mywifi.
__class__           __init__            __module__          __qualname__
__dict__            connectWiFi         disconnectWiFi      enable_APWiFi
disable_APWiFi      sta                 ap
>>> mywifi.
```

> **说　明**
>
> （1）注意这里在点符号之后输入的不是回车，而是Tab，下同。
>
> （2）前面带有提示符>>>的内容均是在REPL模式下进行的操作，下同。
>
> （3）掌控板实际上是一块MicroPython微控制器板。MicroPython是专门针对嵌入式芯片开发的，Python 3语言的精简高效实现，包括Python标准库的一小部分，经过优化可在微控制器和受限环境中运行。

针对这两个对象，wifi类的方法包括：

（1）wifi.connectWiFi(ssid,password,timeout = 10)，用于将掌控板连接至网络，参数说明见表3.1。

表3.1　wifi.connectWiFi(ssid,password,timeout = 10)参数说明

参　　数	说　　明
ssid	所连接的Wi-Fi网络的名称
password	所连接的Wi-Fi网络的密码
timeout	连接超时，默认10s

（2）wifi.disconnectWiFi()，用于断开Wi-Fi连接。

（3）wifi.enable_APWiFi(essid,password,channel = 10)，用于使能Wi-Fi的无线AP模式，参数说明见表3.2。

表3.2　wifi.enable_APWiFi(essid,password,channel = 10)参数说明

参　　数	说　　明
essid	所创建的Wi-Fi网络的名称
password	所创建的Wi-Fi网络的密码
channel	设置Wi-Fi使用的信道，channel 1 ~ channel 13

（4）wifi.disable_APWiFi()，用于关闭AP模式。

3.1.2　连接Wi-Fi网络

如果使用wifi.connectWiFi()方法连接网络，则操作如下（使用REPL时）：

```
>>> mywifi.connectWiFi('你所连接的网络名称','你所连接网络的密码')
Connection WiFi........
WiFi('你所连接的网络名称',-49dBm)Connection Successful,
Config:('192.168.1.37','255.255.255.0','192.168.1.1','192.168.1.1')
>>>
```

这里输入正确的SSID和网络密码，回车之后首先会出现"Connetction WiFi........"的字样，成功连接之后，就会出现"Connection Successful"的字样，同时会显示连接之后掌控板对应的IP地址、子网掩码、网关、DNS等信息。当前我的掌控板IP地址为192.168.1.37。

3.1 连接网络

> **说　明**
>
> 开启Wi-Fi功能功耗会增大，在不使用Wi-Fi的情况下，可关闭Wi-Fi。

正确连接网络之后，还可以通过sta对象查看网络的状态，sta对象的使用方法如下：

```
>>> mywifi.sta.
__class__       active        config         connect
disconnect      ifconfig      isconnected    scan
status
>>> mywifi.sta.
```

其中：

（1）active方法用于查看网络是否激活，True为激活，False为未激活。

（2）config方法用于设置网络名称和密码。

（3）connect方法用于连接网络。

（4）disconnect方法用于断开网络。

（5）ifconfig方法用于查询掌控板的IP地址、子网掩码、网关、DNS信息，如果带参数则表示设置掌控板的静态IP、子网掩码、网关和DNS。

（6）isconnected方法用于查询网络是否连接，True为连接，False为未连接。

（7）scan方法用于扫描网络。

（8）status方法用于查询网络状态。

对应操作示例如下：

```
>>> mywifi.sta.active()
True
>>> mywifi.sta.ifconfig()
('192.168.1.37','255.255.255.0','192.168.1.1','192.168.1.1')
>>> mywifi.sta.isconnected()
True
>>> mywifi.sta.status()
1010
>>> mywifi.sta.scan()
```

第3章 基于网络的简单交互

```
[(b'CMCC-1804',b'\xcc\\\xde\xf20\xf1',4,-49,4,False),
(b'CMCC-DENG',b'\x140\x04a\x83\x0c',3,-51,4,False),
(b'HONOR-041V4M',b'\xf4\xa5\x9d\xba\x0c\x08',1,-55,3,False),
(b'duchaoting',b'\x88\xc3\x97\x01OJ',2,-67,4,False),
(b'ziroom-1805',b't\x05\xa5#d-',1,-69,4,False),
(b'TP-LINK_4142',b'\xd0v\xe7\xdbAB',11,-70,4,False),]
>>>
```

当我们使用scan方法扫描网络的时候,就会出现附近的Wi-Fi网络,这些反馈信息组成一个元组的列表,列表中每一个元组就是一个网络。其中,包括网络名称、信号强度、是否加密、加密方式等信息。

3.1.3 创建热点

如果使用wifi.enable_APWiFi()方法创建热点,则操作如下(使用REPL时):

```
>>> mywifi.enable_APWiFi("mpython","12345678")
>>>
```

> **说　明**
>
> (1)这里我创建的热点名称为"mpython",密码为"12345678"。
> (2)热点创建之后没有文字的提示信息,我们可以通过手机或电脑搜索一下有没有对应的Wi-Fi网络。

创建热点之后,可以通过ap对象查看网络的状态,ap对象的使用方法如下:

```
>>> mywifi.ap.
__class__       active      config        connect
disconnect      ifconfig    isconnected   scan
status
>>> mywifi.ap.
```

这些方法的功能与sta对象的方法功能类似。这里我们查询一下作为热点的掌控板的IP地址、子网掩码、网关、DNS信息。对应操作如下:

```
>>> mywifi.ap.ifconfig()
('192.168.4.1','255.255.255.0','192.168.4.1','0.0.0.0')
```

由显示信息能够知道当前掌控板的IP地址为192.168.4.1，之后的操作我们先在热点模式下进行。

3.2 网络通信

热点创建好之后，下一步我们来实现网络的通信。

3.2.1 套接字

套接字（Socket）是网络通信的基石，是对网络中不同主机上的程序之间进行双向通信的端点的抽象，是支持TCP/IP协议通信的基本操作单元。一个套接字就是网络通信的一端，是程序通过网络协议进行通信的接口。

套接字的形式为IP地址后面加上端口号，中间用冒号或逗号分隔。例如，如果IP地址是192.168.4.1，而端口号是23，那么得到套接字就是（192.168.4.1:23）。要应用Socket，需要先导入socket库，代码如下：

```
import socket
```

这个库中有一个socket对象，该对象的主要方法包括getaddrinfo()和socket()，其中：

（1）socket.socket(af = AF_INET,type = SOCK_STREAM, proto = IPPROTO_TCP)，用于定义一个网络连接，参数说明见表3.3。

表3.3 socket.socket(af = AF_INET,type = SOCK_STREAM,proto = IPPROTO_TCP)参数说明

参　数	说　明
af	地址模式，有两个选项： ・socket.AF_INET表示TCP/IP-IPv4 ・socket.AF_INET6表示TCP/IP-IPv6 默认为TCP/IP – IPv4
type	socket类型，有4个选项： ・socket.SOCK_STREAM表示TCP流 ・socket.SOCK_DGRAM表示UDP数据报 ・socket.SOCK_RAW表示原始套接字 ・socket.SO_REUSEADDR表示端口释放后立即可以被再次使用 默认为TCP流

续表3.3

参　数	说　明
proto	协议，有两个选项： · socket.IPPROTO_TCP · socket.IPPROTO_UDP 默认为TCP协议

（2）socket.getaddrinfo(host,port)，用于将主机域名（host）和端口（port）转换为用于创建套接字的元组序列。

3.2.2　网络通信流程

在网络通信中，通常会有一个设备一直处于等待别人发送通信请求的状态，这种设备被称为服务器。相对的，会把请求通信的设备称为客户端。

根据连接启动的方式以及本地套接字要连接的目标，套接字之间的连接过程可以分为以下三个步骤：

（1）服务器监听。是指服务器端套接字并不定位具体的客户端套接字，而是处于等待连接的状态，实时监控网络状态。

（2）客户端请求。是指由客户端的套接字提出连接请求，要连接的目标是服务器端的套接字。为此，客户端的套接字必须首先描述它要连接的服务器端的套接字，指出服务器端套接字的地址和端口号，然后向服务器端套接字提出连接请求。

（3）连接确认。是指当服务器端套接字监听到或者说接收到客户端套接字的连接请求，就会响应客户端套接字的请求，并把服务器端套接字的描述发送给客户端。一旦客户端确认了该描述，连接就建立好了。而服务器端套接字继续处于监听状态，接收其他客户端套接字的连接请求。

根据以上介绍，我们尝试通过网络实现与掌控板的数据通信，具体代码如下：

```
from mpython import *
import socket

mywifi = wifi()
mywifi.enable_APWiFi("mpython","12345678")
```

3.2 网络通信

```
addr_info = socket.getaddrinfo(mywifi.ap.ifconfig()[0],80)    #1
print(addr_info)                                               #2
addr = addr_info[0][-1]

s = socket.socket()                                            #3 定义一个网络连接
s.setsockopt(socket.SOL_SOCKET,socket.SO_REUSEADDR,1)  #4 设置套接字属性

s.bind(addr)                                                   #5 绑定IP和端口号
s.listen(5)                                                    #6

while True:
    res = s.accept()                                           #7
    print(res)                                                 #8

    client_s = res[0]                                          #9 提取客户端信息
    client_addr = res[1]

    client_s.send('hello world')                               #10 向客户端发送数据
    client_s.close()
```

代码讲解我们参考程序中注释的数字标号，具体内容如下：

#1部分，通过getaddrinfo()方法将主机域名和端口转换为用于创建套接字的元组序列，ap对象的ifconfig()方法能够返回包含掌控板的IP地址、子网掩码、网关、DNS等信息的列表，列表的第0项就是本设备的IP地址。后面的80为设定的端口号。

#2部分，通过print()函数将getaddrinfo()方法的返回值在REPL中显示出来。

#3部分，定义一个网络连接。

#4部分，设置套接字属性。socket.SOL_SOCKET是指要在套接字级别上设置选项；而socket.SO_REUSEADDR指端口释放后立即可以被再次使用（一般来说，一个端口释放后会等待两分钟才能再次被使用）。

#5部分，绑定IP和端口号。

#6部分，监听，listen()方法的参数backlog表示接收套接字的最大个数。这个数不能小于0（如果小于0将自动设置为0）；超出后系统将拒绝新的套接字连接请求。

#7部分，接收一个套接字中已建立的连接，accept()方法会提取出所监听套接字的等待连接队列中第一个连接请求，创建一个新的套接字，并返回指向该套接字的文件描述符。

#8部分，通过print()函数将新套接字的描述显示在REPL中。

#9部分，从套接字的文件描述符中提取客户端信息。

#10部分，向客户端发送数据并关闭客户端。

将以上代码刷入掌控板，等待掌控板正常创建热点。基于#2部分的代码，创建热点成功之后会在REPL中显示：

```
[(2,1,0,'192.168.4.1',('192.168.4.1',80))]
```

这个列表中第0项（只有一项）的最后一个项为('192.168.4.1',80)。

然后将电脑连接到这个热点，并打开电脑端的浏览器，在地址栏中输入"192.168.4.1:80"（由于之前设定端口号为80）并按下回车键，此时就会看到图3.1所示的内容。

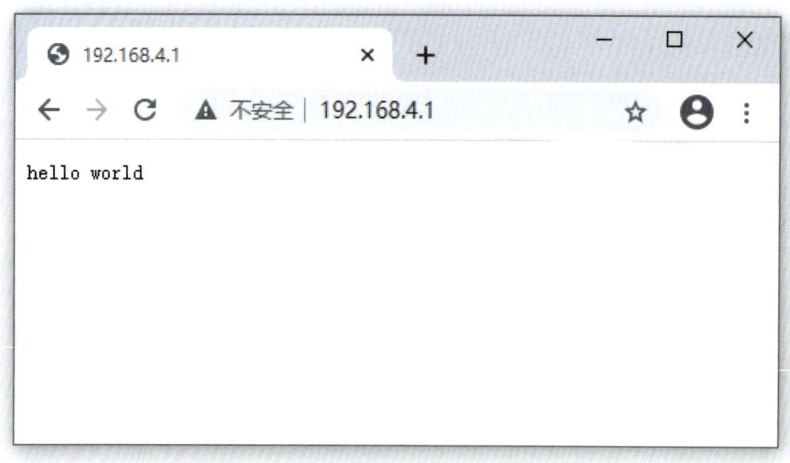

图3.1　在浏览器中显示"hello world"

这里浏览器中显示的字符即为代码中#10部分掌控板向客户端发送的数据。同时由于在#8部分我们print了套接字的文件描述符中的客户端信息，因此在REPL中能看到如下信息：

```
(<socket>,('192.168.4.2',59446))
```

其中，第0项res[0]为客户端套接字，而第1项res[1]为客户端IP地址。

> **说　明**
>
> 当我们在浏览器地址栏中输入"192.168.4.1:80"并按下回车键之后，发现后面的":80"消失了，这是因为80端口是为HTTP协议开放的，浏览网页服务默认的端口号都是80，因此如果端口号为80，则不输入":80"也可以。

3.3　以网页形式反馈

通常用浏览器显示的内容并不只是字符信息，而是包含了文字、图像甚至视频，并按照一定格式排列的网页。因此，本节我们就来尝试让掌控板返回一个网页。

3.3.1　网站网页

网页是构成网站的基本元素，是承载各种网站应用的平台。我们每天打开浏览器看到的各种信息都是通过网页展现出来的，网页之间通过相互间的链接最终构成网络世界。如果您有一个网站，那么它也一定是由网页组成的，如果您只有域名和服务器而没有制作任何网页的话，您的客户仍旧无法访问您的网站。

网页是一个文件，是网络世界中的一"页"，这个文件以超文本标记语言格式书写，文件扩展名为.html，html文件通过浏览器解析后就会变成我们看到的网页，而浏览器通过在地址栏输入该网页在网络中的位置来打开该网页文件，就像我们在自己的电脑上输入一个文件的地址，打开一个文件一样。网页中的链接实际上也是一个个其他网页在网络中的位置，通过这些相互关联的链接，我们就能看到一个接一个的网页。

3.3.2　HTML

HTML（Hyper Text Markup Language，超级文本标记语言）是标准通用标记语言下的一个应用，也是一种规范，一种标准，它通过标记符号来标记要显示的网页中的各个部分，标记符中的标记元素用尖括号括起来，带斜杠的元素表示该标记说明结束；大多数标记符必须成对使用，以表示作用的起始和结束；标记元素忽略大小写，即二者作用相同，一个标记元素的内容可以写成多行。标记符号，包括尖括号、标记元素、属性项等必须使用半角的西文字符，不能使用全角字符。

网页文件本身是一种文本文件，通过在文本文件中添加标记符，告诉浏览器如何显示其中的内容。浏览器按顺序阅读网页文件，然后根据标记符解释和显示其标记的内容，对书写出错的标记将不指出其错误，且不停止其解释执行过程，编写者只能通过显示效果分析出错原因和出错部位。需要注意的是，不同的浏览器对同一标记符可能会有不完全相同的解释，因而可能会有不同的显示效果。

超级文本标记语言文档制作并不是很复杂，但功能强大，支持不同数据格式的文件嵌入。HTML是网络的通用语言，一种简单、通用的全置标记语言。它允许网页制作人建立文本与图片相结合的复杂页面，这些页面可以被网络上任何人浏览到，无论使用的是什么类型的电脑或浏览器。

标准的HTML文件都具有一个基本的整体结构，即在标记符号`<html></html>`之间包含头部信息和主体内容两大部分。头部信息以`<head></head>`表示开始和结尾。头部信息中包含的标记是页面的标题、序言、说明等内容，它本身不作为内容来显示，但会影响网页显示的效果。头部信息中最常用的标记符是标题标记符，标题标记符用于定义网页的标题，它的内容显示在网页窗口的标题栏中，网页标题可被浏览器用作书签和收藏清单。而主体内容才是真正网页中显示的内容，主体内容均包含在标记符号`<body></body>`中。标准HTML文件的基本结构如图3.2所示。

另外，HTML语言中也有注释，HTML注释由符号"`<!--`"开始，由符号"`-->`"结束，例如`<!--注释内容-->`。注释内容可插入文本中任何位置。任何标记若在其最前面插入惊叹号，即被标识为注释，不予显示。

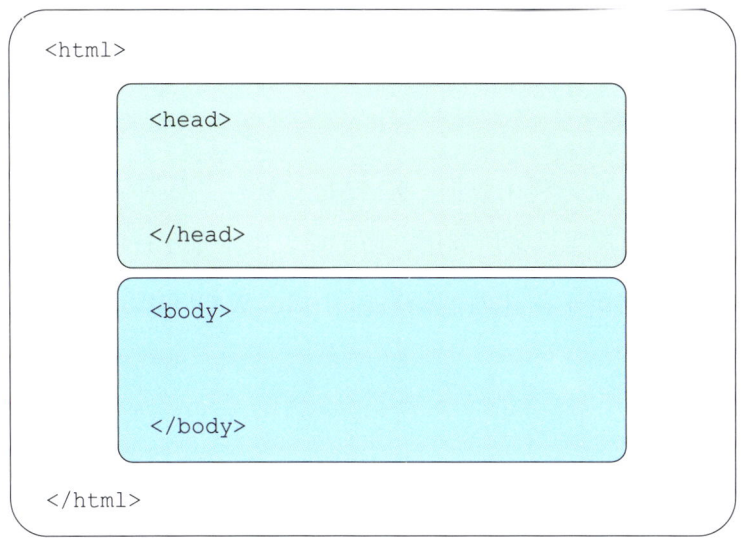

图3.2 标准HTML文件的基本结构

3.3.3 XML

介绍了HTML之后,我们再来顺便讲讲XML。

随着Web应用的不断发展,HTML的局限性也越来越明显地显现出来,例如,HTML无法描述数据、可读性差、搜索时间长等。于是1998年2月,W3C(World Wide Web Consortium,万维网联盟)公布了XML 1.0标准。XML是Extensible Markup Language(可扩展标记语言)的简写。

XML最初的设计目的是为EDI(Electronic Data Interchange,电子数据交换)提供一个标准数据格式。目前还可用于标记电子文件,使其变成具有结构性的数据。

XML具有以下特点:

(1) XML可以从HTML中分离数据。即能够在HTML文件之外将数据存储在XML文档中,这样可以使开发者集中精力使用HTML做好数据的显示和布局,并确保改动数据时不会导致HTML文件也需要改动,从而方便维护页面。

(2) XML可用于交换数据。基于XML可以在不兼容的系统之间交换数据。把数据转换为XML格式存储将大大减少交换数据时的复杂性,还可以使这些数据能被不同的程序读取。

（3）利用XML可以共享数据。XML数据以纯文本格式存储，这使得XML更易读、更便于记录、更便于调试，使不同系统、不同程序之间的数据共享变得更加简单。

（4）XML可以充分利用数据。XML是与软件、硬件及应用程序无关的，数据可以被更多的用户、设备所利用，而不仅仅限于基于HTML标准的浏览器。

（5）XML可以用于创建新的语言。比如，WAP和WML语言都是由XML发展而来的。

XML文件格式在许多方面都类似于HTML，XML由XML元素组成，每个XML元素包含一个开始标记、一个结束标记以及两个标记之间的内容。XML文件格式的具体规则如下：

（1）必须有声明语句。XML声明语句是XML文档的第一句，其格式如下：

```
<?xmlversion = "1.0"encoding = "utf-8"?>
```

（2）在XML文档中，字母大小写是有区别的。<P>和<p>是不同的标记。

（3）XML文档有且只有一个根元素。其他元素都是这个根元素的子元素，根元素完全包括文档中其他所有元素。根元素的起始标记要放在所有其他元素的起始标记之前；根元素的结束标记要放在所有其他元素的结束标记之后。

（4）属性值要使用引号。在HTML中，属性值可以加引号，也可以不加。但是XML规定，所有属性值必须加引号，否则将被视为错误。

（5）所有标记必须有相应的结束标记。在HTML中，标记可以不成对出现，而在XML中，所有标记必须成对出现，有一个开始标记，就必须有一个结束标记，否则将被视为错误。而且所有的空标记也必须要有结束标记。空标记是指标记对之间没有内容的标记。

3.3.4 网页文件制作

有很多专业的软件可以用来制作一个HTML网页文件，使用专业的软件能够直观地体现网站的展现效果，开发速度更快，效率更高。但其实用最基本的文本编辑软件也能制作HTML网页文件，比如使用Windows系统的记事本。本节我们就用记事本制作一个简单的HTML网页文件。

3.3 以网页形式反馈

首先新建一个空的记事本（txt）文件，取名为HTML TEST.txt，如图3.3所示。

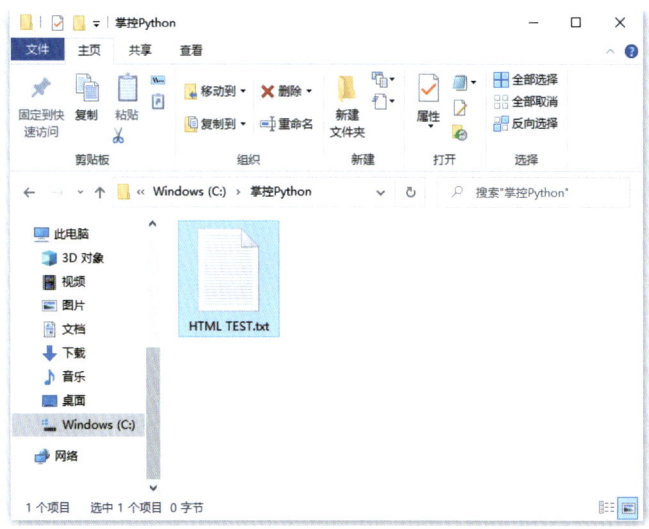

图3.3　新建txt文件

打开txt文件后，首先输入网页的基本结构，内容如下：

```
<html>

<head>

</head>

<body>

</body>

</html>
```

标记符号<html></html>说明这是一个HTML文件，标记符号之间包含头部信息和主体内容两大部分。头部信息以<head></head>表示开始和结尾，主体内容以<body></body>表示开始和结尾。接着在头部信息中给网页添加一个标题，标题为mPython，如下：

```
<title>mPython</title>
```

在主体内容中添加一个一号标题和一个二号标题，如下：

```
<h1>HTML TEST</h1>
```

```
<h2>程晨</h2>
```

最终完成的网页文件内容如下：

```
<html>

<head>
<title>mPython</title>
</head>

<body>

<h1>HTML TEST</h1>
<h2>程晨</h2>

</body>
</html>
```

确认内容书写正确后，保存文件并关闭记事本编辑器，将HTML TEST.txt文件更名为HTML TEST.html，更名后文件如图3.4所示。这样一个简单的HTML文件就制作完成了。

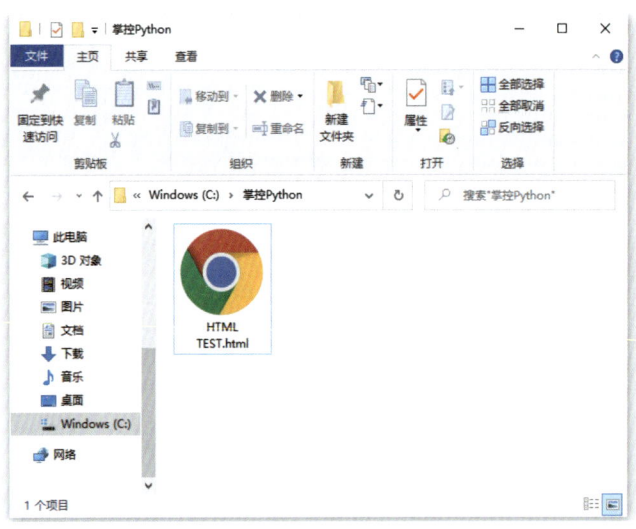

图3.4　将文件更名为HTML TEST.html

> **说　明**
>
> 　　这里更改的是文件后缀名，不是将HTML TEST更名为HTML TEST.html，更名前请确保你能看到.txt的后缀名，然后将.txt更改为.html。

HTML TEST.html文件需要用浏览器打开，打开后显示效果如图3.5所示。这里要注意头部信息和主体内容两部分的区别，头部信息中的标题mPython显示在浏览器的标签页上，没有出现在网页显示内容当中。

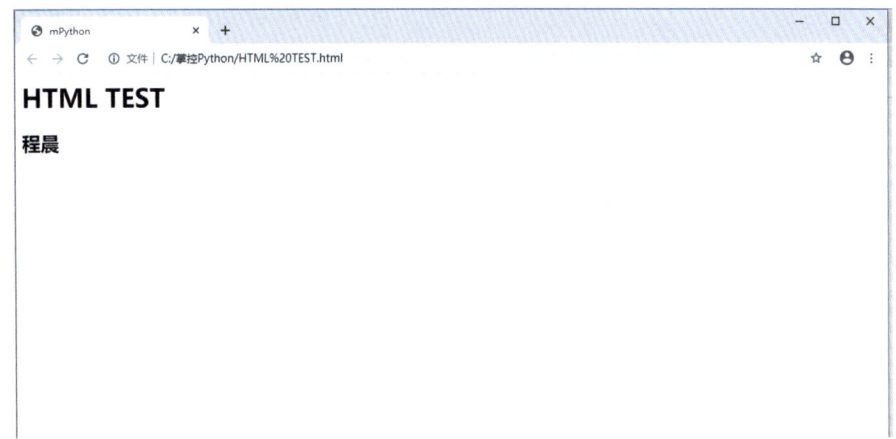

图3.5　HTML文件显示效果

3.3.5　在服务器上运行网页

在计算机上打开网页文件是通过双击的方式，系统会自动调用与文件匹配的软件来打开文件，这样我们就能在浏览器中查看刚才制作的HTML文件。那么如何打开网络端的网页文件呢？

为了实现让掌控板反馈给浏览器一个网页的效果，我们需要把网页文件作为反馈内容发送给客户端。为此我们在代码中创建一个包含网页内容的变量。

```
CONTENT = '''
<html>

<head>
<title>mPython</title>
</head>

<body>

<h1>HTML TEST</h1>
<h2>程晨</h2>

</body>
</html>'''
```

然后将前述程序#10部分的client_s.send('hello world')改为client_s.send(CONTENT)。调整完成后，将代码刷入掌控板，等待掌控板正常建立热点，将电脑连接到这个热点，并打开电脑端的浏览器，还是在地址栏中输入"192.168.4.1"，并按下回车键，此时就会看到图3.6所示的内容。

图3.6　掌控板反馈的网页

注意图3.6和图3.5地址栏中的内容是不一样的，图3.6中的这个网页不是本地计算机上的文件，而是掌控板上的网页。

> **说　明**
>
> 我们通常输入的网址也称为域名，地址栏中的网址实际上也会通过域名解析功能转换为IP地址。
>
> 网络上的计算机最终是通过IP地址来定位的，给出一个IP地址，就可以找到网络上的某台计算机主机。由于IP地址难以记忆，所以又发明了域名来代替IP地址。但通过域名并不能直接找到要访问的主机，中间要加入一个从域名查找IP地址的过程，这个过程就是域名解析。

如果网页中出现乱码，尝试将包含网页的变量内容改为：

```
CONTENT = '''
<html>
<head>
<meta charset = "utf-8">
<title>mPython</title>
```

```
    </head>

    <body>

    <h1>HTML TEST</h1>
    <h2>程晨</h2>

    </body>
    </html>'''
```

其中，红色部分为新增内容，是通过用来描述HTML网页文档属性的 `<meta>` 来告诉浏览器网页字符编码为UTF-8格式。

3.4 基于网络的交互

3.4.1 获取发送给服务器的数据

我们在浏览器地址栏输入的信息中，IP地址及端口号会被对应到网络上的某台设备，如果后续增加符号"/"及字符，这些字符则会作为请求信息的一部分发送给服务器。

通过客户端套接字的 `recv()` 方法能够获取客户端发送给服务器的请求。比如将前述代码中的while循环部分变成以下内容：

```
while True:
    res = s.accept()
    print(res)

    client_s = res[0]                                   #9 提取客户端信息
    client_addr = res[1]

    req = str(client_s.recv(4096))
    print(req)

    client_s.send(CONTENT)                              #10向客户端发送数据
    client_s.close()
```

其中，红色部分为新增的代码，这里 `recv()` 方法的参数是指一次最多接收4096个字节，然后通过 `str()` 函数将接收的信息转换成字符串。这样当程序在掌控板中运行且我们通过浏览器访问掌控板的时候，就会在REPL中看到如下内容：

```
    b'GET/favicon.ico HTTP/1.1\r\nHost:192.168.4.1\r\nConnection:
keep-alive\r\nPragma:no-cache\r\nCache-Control:no-cache\r\
nUser-Agent:Mozilla/5.0(Windows NT 10.0;Win64;x64)AppleWebKit/
537.36(KHTML,like Gecko)Chrome/84.0.4147.135 Safari/537.36\r\nAccept:
image/webp,image/apng,image/*,*/*;q =
0.8\r\nReferer:http://192.168.4.1/\r\nAccept-Encoding:gzip,deflate\r\
nAccept-Language:zh-CN,zh;q = 0.9\r\n\r\n'
```

能看到这段字符串是以"b'"开头的，表示这些字符都是以bytes为单位存储的，如果要将这些字符转换为正常的字符串，那么可以在str()函数中加上表示文字编码的参数"utf-8"，即将代码

```
    req = str(client_s.recv(4096))
```

变为

```
    req = str(client_s.recv(4096),'utf-8')
```

这样在REPL中看到的内容就变成了

```
    GET/favicon.ico HTTP/1.1
    Host:192.168.4.1
    Connection:keep-alive
    Pragma:no-cache
    Cache-Control:no-cache
    User-Agent:Mozilla/5.0(Windows NT 10.0;Win64;x64)AppleWebKit/
537.36(KHTML,like Gecko)Chrome/84.0.4147.135 Safari/537.36
    Accept:image/webp,image/apng,image/*,*/*;q = 0.8
    Referer:http://192.168.4.1/
    Accept-Encoding:gzip,deflate
    Accept-Language:zh-CN,zh;q = 0.9
```

这些内容中包括了客户端发送请求的请求方式、使用协议、语言环境等，甚至还包括操作系统、浏览器信息等内容。以上信息是通过电脑端的Chrome浏览器发送的请求，如果通过手机端的浏览器发送的请求，则会显示类似以下的内容：

```
    GET/favicon.ico HTTP/1.1
    Host:192.168.4.1
    Connection:keep-alive
```

```
User-Agent:Mozilla/5.0(Linux;U;Android 10;zh-cn;M2004J19C Build/
QP1A.190711.020)AppleWebKit/537.36(KHTML,like Gecko)Version/4.0 Chrome/
71.0.3578.141 Mobile Safari/537.36 XiaoMi/MiuiBrowser/12.6.14
Accept:image/webp,image/apng,image/*,*/*;q = 0.8
Referer:http://192.168.4.1/
Accept-Encoding:gzip,deflate
Accept-Language:zh-CN,en-US;q = 0.9
```

上述信息中能看到我使用的是小米手机的MIUI浏览器。

3.4.2 控制掌控板上的全彩LED

如果在地址栏输入192.168.4.1/hello，还会在上述信息中看到输入的字符串"hello"，如下所示：

```
GET/favicon.ico HTTP/1.1
Host:192.168.4.1
Connection:keep-alive
Pragma:no-cache
Cache-Control:no-cache
User-Agent:Mozilla/5.0(Windows NT 10.0;Win64;x64)AppleWebKit/
537.36(KHTML,like Gecko)Chrome/84.0.4147.135 Safari/537.36
Accept:image/webp,image/apng,image/*,*/*;q = 0.8
Referer:http://192.168.4.1/hello
Accept-Encoding:gzip,deflate
Accept-Language:zh-CN,zh;q = 0.9
```

我们可以通过这种方式实现对掌控板硬件的控制。这里定义接收到LEDOn时让掌控板上第一个全彩LED发出红光（对应rgb对象，rgb[]对应存放全彩LED颜色数据的列表，rgb[0]为第一个全彩LED颜色），接收到LEDOff时熄灭掌控板板载的全彩LED。对应代码如下：

```
    if req.find("/LEDOn") != -1:
    rgb[0] = (255,0,0)
    rgb.write()

    if req.find("/LEDOff") != -1:
    rgb[0] = (0,0,0)
    rgb.write()
```

这里使用的是字符串的find()方法，该方法会查找字符串中是否有参数中

第 3 章 基于网络的简单交互

指定的字符串，如果有则返回参数字符串的位置；如果没有，则返回-1。这里就是判断之前的req字符串中是否有"/LEDOn"或"/LEDOff"，并以此控制掌控板上第一个全彩LED是发红光还是熄灭。

将上面的代码加到客户端发送数据之前（#10部分之前），将修改后的代码刷入掌控板，等待掌控板正常建立热点后，将电脑连接到这个热点并打开电脑端的浏览器，在地址栏中输入"192.168.4.1"以及"/LEDOn"并按下回车键，此时就会看到掌控板上第一个全彩LED发出红光；如果在地址栏中输入"192.168.4.1"以及"/LEDOff"并按下回车键，就会看到掌控板上第一个全彩LED熄灭了。

这样我们就实现了对掌控板的无线控制。可能大家会觉得每次都要在地址栏中输入"/LEDOn"或"/LEDOff"很费事，那么我们可以在网页中添加两个HTML的超链接，这两个超链接分别对应上面说的"192.168.4.1/LEDOn"和"192.168.4.1/LEDOff"，因为LEDOn或者LEDOff之前的地址实际上就是网页的地址，所以在用<a href = ""></a>标识超链接时不用将IP地址加在里面，只需要写/LEDOn或/LEDOff就可以了。

```
<a href = \"/LEDOn\">turn on</a> the LED<br>
<a href = \"/LEDOff\">turn off</a> the LED<br>
```

将上面两句代码添加在网页的内容中，即标记符号<body></body>中即可。完成后整体代码如下：

```
from mpython import *
import socket


mywifi = wifi()
mywifi.enable_APWiFi("mpython","12345678")


CONTENT = '''
<html>
<head><meta charset = "utf-8">
<title>mPython</title>
</head>

<body>

<h1>HTML TEST</h1>
```

```
        <h2>程晨</h2>

        <a href = \"/LEDOn\">turn on</a> the LED<br>
        <a href = \"/LEDOff\">turn off</a> the LED<br>

        </body>
        </html>'''

        addr_info = socket.getaddrinfo(mywifi.ap.ifconfig()[0],80)        #1
        print(addr_info)                                                  #2
        addr = addr_info[0][-1]

        s = socket.socket()                                    #3 定义一个网络连接
        s.setsockopt(socket.SOL_SOCKET,socket.SO_REUSEADDR,1)  #4 设置套接字属性

        s.bind(addr)                                           #5 绑定IP和端口号
        s.listen(5)                                                       #6

        while True:
          res = s.accept()                                                #7
          print(res)                                                      #8

          client_s = res[0]                                    #9 提取客户端信息
          client_addr = res[1]

          req = str(client_s.recv(4096),'utf-8')
          print(req)

          if req.find("/LEDOn") != -1:
            rgb[0] = (255,0,0)
            rgb.write()

          if req.find("/LEDOff") != -1:
            rgb[0] = (0,0,0)
            rgb.write()

          client_s.send(CONTENT)                             #10 向客户端发送数据
          client_s.close()
```

添加了超链接之后的网页如图3.7所示。

此时，我们通过点击就能完成对掌控板上LED的控制，点击网页中的turn on就能让LED发红光，再点击turn off就会熄灭LED。

第 3 章 基于网络的简单交互

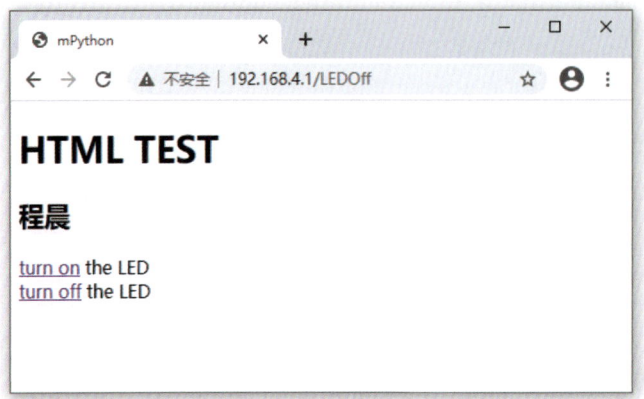

图3.7 添加超链接后的网页

3.4.3 网页中显示光线强度

既然我们能在网页中显示字符信息，那应该同样可以把通过传感器获得的数值显示在网页上。这里首先对网页内容做一些调整，如下所示：

```
CONTENT = '''
<html>
<head><meta charset = "utf-8">
<title>mPython</title>
</head>

<body>
<h1>HTML TEST</h1>
<h2>程晨</h2>

<a href = \"/LEDOn\">turn on</a> the LED<br>
<a href = \"/LEDOff\">turn off</a> the LED<br>

<br/>掌控板光线强度为：
'''
```

其中增加了一行显示"掌控板光线强度为："的内容，同时删掉了最后的

```
</body>
</html>
```

这两行。

然后将

```
client s.send(CONTENT)
```

修改为

```
NEW_CONTENT = CONTENT + str(light.read())+"</body></html>"
client_s.send(NEW_CONTENT)
```

将调整之后的代码刷入掌控板，等待掌控板正常建立热点之后，将电脑连接到热点并打开电脑端的浏览器，在地址栏中输入IP地址并按下回车键，此时就会在网页下方看到掌控板当前的光线传感器数值，效果如图3.8所示。

图3.8 显示掌控板的光线强度

此时刷新网页就能看到当时掌控板所处环境的光线强度，但是现在这种情况每次都要手动刷新才能查看最新的光线强度值或传感器值，我们希望网页能够自动刷新，定时更新光线强度值，这就需要在网页的HTML文件中增加自动更新的部分。

自动更新代码需要使用HTML中的META标记（之前解决乱码问题时用到过），META标记是HTML中的一个关键标记，它位于头部信息当中，即放在<head>和</head>之间，这些内容不会作为内容显示，用户不可见，但却是文档的基本信息。META标记并不是独立存在的，而是要在后面连接其他属性，如果想实现自动更新，需要连接http-equiv属性，属性的参数为"refresh"，如果希望网页每10s刷新一次，则代码如下：

```
<meta http-equiv = "refresh" content = "10">
```

其实这种用法还可以实现跳转，只要在后面加上一个想要跳转的网页即可。

第 3 章　基于网络的简单交互

这里我们只希望实现网页每10s自动刷新，则添加了META标记后的头部信息代码如下：

```
……
<head><meta charset = "utf-8">
<meta http-equiv = \"refresh\" content = \"10\">
<title>mPython</title>
</head>
……
```

将新代码刷入掌控板，现在再打开浏览器查看网页，网页就会每10s刷新一次，不断更新显示的光线强度值。如果大家觉得10s时间太长，想改为5s，可以修改META标记后content参数的数值，将10改为5即可。

3.4.4　网络八音盒

基于之前的内容，本节我们来完成一个网络八音盒。掌控板中内置了不少音乐，同时掌控板本身也有可发声的蜂鸣器，所以完成这个网络八音盒不需要添加额外的硬件模块。

要想让蜂鸣器发声，首先需要导入music库，这个库中有一个play()函数。play(music,pin = 6,wait = True,loop = False)，用于播放声音，参数说明见表3.4。

表3.4　play(music,pin = 6,wait = True,loop = False)参数说明

\multicolumn{2}{c}{play(music,pin = 6,wait = True,loop = False)}	
参　数	说　明
music	要播放的音调或音乐
pin	掌控板默认为P6引脚
wait	等待音乐播放完，如果设置为True，则等待
loop	如果设置为True，则循环播放，直到stop函数被调用（见下文）
返回值	无

我们选择掌控板中内置的6首音乐进行播放，对应的音乐名称及说明见表3.5。

表3.5　选择掌控板中内置的音乐

序　号	音乐名称	说　明
1	GE_CHANG_ZU_GUO	歌唱祖国
2	DONG_FANG_HONG	东方红
3	CAI_YUN_ZHUI_YUE	彩云追月

续表3.5

序　号	音乐名称	说　明
4	ZOU_JIN_XIN_SHI_DAI	走进新时代
5	MO_LI_HUA	茉莉花
6	YI_MENG_SHAN_XIAO_DIAO	沂蒙山小调

播放掌控板的内置音乐只要将音乐的名称作为参数带入play()函数即可。为了制作八音盒，我把选择好的音乐名称按照首字母顺序放在一个名为songName的列表中，列表定义如下：

```
songName = [music.CAI_YUN_ZHUI_YUE,music.DONG_FANG_HONG,music.GE_CHANG_ZU_GUO,music.MO_LI_HUA,music.YI_MENG_SHAN_XIAO_DIAO,music.ZOU_JIN_XIN_SHI_DAI]
```

注意每个歌曲的名称前面都要加上库的名字music以及一个点。播放音乐的时候要在掌控板的显示屏上显示音乐名，为此再创建一个保存音乐名的列表，内容如下：

```
showSongName = ['彩云追月','东方红','歌唱祖国','茉莉花','沂蒙山小调','走进新时代']
```

网络八音盒的功能是通过网页选择6首音乐中的一首播放。当我们打开网页时会显示6首音乐的名字，同时每首音乐的后面都有play和stop两个选项，当我们选择play的时候就会播放相应的音乐，选择stop的时候就会停止播放音乐。

基于这个功能设定，我们先来制作网页内容，其中要包含6首音乐的名字，每个名字后面都有play和stop两个选项，对应html文件如下：

```
<html>
<head><meta charset = "utf-8">
<title>nille's music box</title>
</head>

<body>

<br/>彩云追月   <a href = \"/PLAY1\">play</a>   <a href = \"/stop\">stop</a><br>
<br/>东方红    <a href = \"/PLAY2\">play</a>   <a href = \"/stop\">stop</a><br>
<br/>歌唱祖国   <a href = \"/PLAY3\">play</a>   <a href = \"/stop\">stop</a><br>
<br/>茉莉花    <a href = \"/PLAY4\">play</a>   <a href = \"/stop\">stop</a><br>
<br/>沂蒙山小调  <a href = \"/PLAY5\">play</a>   <a href = \"/stop\">stop</a><br>
<br/>走进新时代  <a href = \"/PLAY6\">play</a>   <a href = \"/stop\">stop</a><br>
```

```
</body>
</html>
```

这里头部信息中的标题为"nille's music box"。每个名字后面的play都对应一个不同的HTML超链接，而stop对应的超链接都是一样的。用这个文件内容替换之前变量CONTENT中的内容。

最后就是在while循环中添加播放音乐的代码，最终代码如下：

```
from mpython import *
import socket
import music

showSongName = ['彩云追月','东方红','歌唱祖国','茉莉花','沂蒙山小调','走进新时代']

songName = [music.CAI_YUN_ZHUI_YUE,music.DONG_FANG_HONG,music.GE_CHANG_ZU_GUO,music.MO_LI_HUA,music.YI_MENG_SHAN_XIAO_DIAO,music.ZOU_JIN_XIN_SHI_DAI]

setFlag = 0

mywifi = wifi()
mywifi.enable_APWiFi("mpython","12345678")

CONTENT = '''
<html>
<head><meta charset = "utf-8">
<title>nille's music box</title>
</head>

<body>

<br/>彩云追月    <a href = \"/PLAY1\">play</a>    <a href = \"/stop\">stop</a><br>
<br/>东方红      <a href = \"/PLAY2\">play</a>    <a href = \"/stop\">stop</a><br>
<br/>歌唱祖国    <a href = \"/PLAY3\">play</a>    <a href = \"/stop\">stop</a><br>
<br/>茉莉花      <a href = \"/PLAY4\">play</a>    <a href = \"/stop\">stop</a><br>
<br/>沂蒙山小调  <a href = \"/PLAY5\">play</a>    <a href = \"/stop\">stop</a><br>
<br/>走进新时代  <a href = \"/PLAY6\">play</a>    <a href = \"/stop\">stop</a><br>

</body>
</html>
'''
```

3.4 基于网络的交互

```
addr_info = socket.getaddrinfo(mywifi.ap.ifconfig()[0],80)    #1
print(addr_info)                                               #2
addr = addr_info[0][-1]

s = socket.socket()                                        #3 定义一个网络连接
s.setsockopt(socket.SOL_SOCKET,socket.SO_REUSEADDR,1)      #4 设置套接字属性

s.bind(addr)                                               #5 绑定IP和端口号
s.listen(5)

while True:
    res = s.accept()
    print(res)
    
    client_s = res[0]
    client_addr = res[1]
    
    req = str(client_s.recv(4096),'utf-8')
    
    if req.find("/PLAY1") != -1:
        setFlag = 1
    
    if req.find("/PLAY2") != -1:
        setFlag = 2
    
    if req.find("/PLAY3") != -1:
        setFlag = 3
    
    if req.find("/PLAY4") != -1:
        setFlag = 4
    
    if req.find("/PLAY5") != -1:
    setFlag = 5
    
    if req.find("/PLAY6") != -1:
        setFlag = 6
    
    if req.find("/stop") != -1:
        setFlag = 7
    
    if setFlag != 0:
        oled.fill(0)
        if setFlag == 7:
```

```
        music.stop()
    else:
        oled.DispChar('{:^40}'.format('当前播放的是：'),0,10)
        oled.DispChar('{:^40}'.format(showSongName[setFlag -1]),0,30)
        music.play(songName[setFlag -1],wait = False)

    oled.show()
    setFlag = 0

client_s.send(CONTENT)
client_s.close()
```

这里为了让字符在显示屏的中心显示，用fromat()方法来设定字符串显示的形式。显示的字符有两行，第一行显示"当前播放的："，第二行显示音乐名。

将修改后的代码刷入掌控板，等待掌控板正常建立热点后，就可以通过浏览器来控制网络八音盒播放音乐了。手机浏览器上显示的网页如图3.9所示。

播放音乐时掌控板显示的内容如图3.10所示。

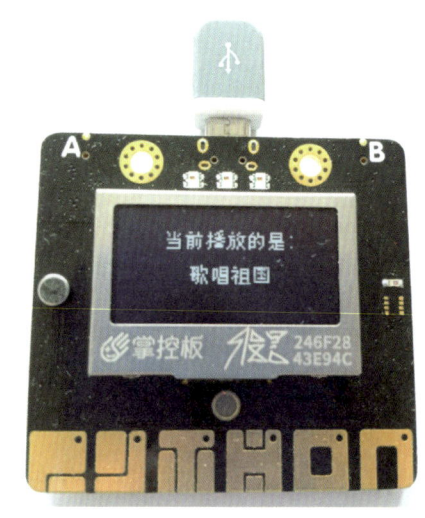

图3.9 在手机浏览器上显示网页内容　　图3.10 掌控板播放音乐时显示的内容

至此，这个网络八音盒就算制作完成了。

3.4.5 在网页中添加按钮

如果我们希望在网页中通过按钮来交互，那么可以使用标记符号<input>。

3.4 基于网络的交互

标记符号<input>不是独立存在的，需要连接其他属性，如果我们要显示按钮，那么需要将type属性设置为button，对应的代码如下：

```
<input type = "button">
```

下面将程序中包含网页的变量内容改为：

```
CONTENT = '''
<html>
<head><meta charset = "utf-8">
<title>nille's music box</title>
</head>

<body>
<input type = "button">

<br/>彩云追月    <a href = \"/PLAY1\">play</a>   <a href = \"/stop\">stop</a><br>
<br/>东方红     <a href = \"/PLAY2\">play</a>   <a href = \"/stop\">stop</a><br>
<br/>歌唱祖国    <a href = \"/PLAY3\">play</a>   <a href = \"/stop\">stop</a><br>
<br/>茉莉花     <a href = \"/PLAY4\">play</a>   <a href = \"/stop\">stop</a><br>
<br/>沂蒙山小调   <a href = \"/PLAY5\">play</a>   <a href = \"/stop\">stop</a><br>
<br/>走进新时代   <a href = \"/PLAY6\">play</a>   <a href = \"/stop\">stop</a><br>

</body>
</html>'''
```

这里我们在歌曲列表的前面增加了一个按钮。将新代码刷入掌控板，等待掌控板正常启动后，打开电脑端的浏览器，在地址栏中输入IP地址并按下回车键，此时能看到网页中最上面有一个按钮，效果如图3.11所示，不过目前这个按钮上没有什么内容，所以尺寸也比较小。

图3.11　在浏览器中看到的按钮

如果希望调整按钮尺寸，需要用到style属性，代码如下：

```
style = "width:100px;height:80px"
```

上述代码将按钮的宽度设置为100个像素，高度设置为80个像素。如果要在按钮上显示文字，则要使用value属性，代码如下：

```
value = "停止"
```

上述代码将在按键上显示文字"停止"。

将这两个属性添加到代码中，如下：

```
<input type = "button" value = "停止" style = "width:100px;height:80px">
```

将新代码刷入掌控板，等待掌控板正常启动后，打开电脑端的浏览器，在地址栏中输入IP地址并按下回车键，网页效果如图3.12所示。

设置按钮大小的时候，除了可以用像素作为单位，还可以用百分比作为单位。如果用百分比则是标识按钮占窗口的比例，假如我们想让按钮横向填满整个浏览器，那么可以将

```
<input type = "button" value = "停止" style = "width:100px;height:80px">
```

修改为

```
<input type = "button" value = "停止" style = "width:100%;height:80px">
```

更新代码，则网页显示效果如图3.13所示。

图3.12　调整按钮的尺寸并显示文字

图3.13　调整按钮横向填满整个浏览器

用百分比作为单位，改变浏览器窗口大小时，按钮的宽度也会随之调整。

了解了如何添加按钮之后，接下来我们再为每个音乐名称添加一个按钮，同时为按钮增加超链接，以取代之前文字形式的音乐名称及超链接。

修改后变量CONTENT的内容如下：

```
CONTENT = '''
<html>
<head><meta charset = "utf-8">
<title>nille's music box</title>
</head>

<body>

<p>
<a href = \"/stop\">
<input type = "button" value = "停止播放" style = "width:100%;height:50px">
</a>
</p>


<p>
<a href = \"/PLAY1\">
<input type = "button" value = "彩云追月" style = "width:100%;height:50px">
</a>
</p>


<p>
<a href = \"/PLAY2\">
<input type = "button" value = "东方红" style = "width:100%;height:50px">
</a>
</p>


<p>
<a href = \"/PLAY3\">
<input type = "button" value = "歌唱祖国" style = "width:100%;height:50px">
</a>
</p>


<p>
<a href = \"/PLAY4\">
<input type = "button" value = "茉莉花" style = "width:100%;height:50px">
</a>
</p>
```

```
<p>
<a href = \"/PLAY5\">
<input type = "button" value = "沂蒙山小调" style = "width:100%;height:50px">
</a>
</p>


<p>
<a href = \"/PLAY6\">
<input type = "button" value = "走进新时代" style = "width:100%;height:50px">
</a>
</p>

</body>
</html>
'''
```

这里由于每个按键都占一行，所以使用了段落标记<p></p>。修改后的网页效果如图3.14所示。

图3.14　可通过按钮选择音乐的页面

3.4.6　利用手机实现视频传输

如果将掌控板作为一个热点，我们还可以在热点上连接一些有摄像功能的设备，实现视频信号的传输。进一步，还可以将视频信号嵌入到一个网页当中。

3.4 基于网络的交互

本节我们就来添加一个有摄像功能的设备。这里我们用了一个取巧的方式，即通过给手机安装APP来将其作为一个网络摄像头。对于网页嵌入视频信号的内容本书没有深入展开。

笔者下载的APP是"IP摄像头"，其软件界面如图3.15所示。

大家可以自己搜索合适的APP，只要能够实现网络视频传输的功能就可以。下载APP之后，将手机连接到掌控板的热点。然后在这个APP中，点击界面最下方的"打开IP摄像头服务器"就能直接提供网络摄像头服务，如图3.16所示。

图3.15　"IP摄像头"软件界面

图3.16　点击界面最下方的
"打开IP摄像头服务器"

在这个界面中首先会弹出一个消息显示"IP摄像头服务已经启动"，同时会告诉你访问这个摄像头服务的用户名和密码。在界面的最下方会告知这个服务在局域网的地址和端口号，这里是192.168.4.3:8081。

这个软件在没有客户端连接的时候摄像头是关闭的。之后打开电脑端的浏览器，在地址栏中输入192.168.4.3:8081并按下回车键，就能看到图3.17所示的界面。

这样就能看到手机摄像头的实时视频（包括声音）了，同时在视频中还会显示时间以及手机电池电量。另外在这个界面的底部还有一排功能按钮，通过这些按钮能够保存照片、保存视频、调整分辨率，同时还能控制手机打开闪光灯、切换手机前后摄像头、旋转图像。

图3.17 在电脑端查看手机摄像头的实时图像

3.4.7 云台控制

如果将手机与通过掌控板控制的舵机结合，那么就能实现一个带云台的摄像头。本节我们介绍通过网络来控制舵机。

这里我们主要介绍实现的原理，且只控制一个舵机，至于手机如何与通过掌控板控制的舵机结合，大家可以结合自己的实际情况来解决。

掌控板无法直接连接舵机，需要使用一个掌控扩展板。本人使用的掌控扩展板如图3.18所示。

掌控扩展板的主要功能是将掌控板下方金手指上的20个I/O转换为三芯的插针接口形式（黑色为GND，红色为电源，黄色对应I/O口）。将掌控板和舵机连接到掌控扩展板上之后效果如图3.19所示。

这里将舵机连接到掌控板的P0口。代码方面要控制舵机需要用到servo库中的Servo类。我们需要基于这个类针对要控制的引脚生成一个对象。

构造函数为

```
class Servo.Servo(pin,min_us = 750,max_us = 2250,actuation_range = 180)
```

参数说明见表3.6。

3.4 基于网络的交互

图3.18 掌控扩展板

图3.19 将掌控板和舵机连接到掌控扩展板上

表3.6 class Servo.Servo(pin,min_us = 750,max_us = 2250,actuation_range = 180)参数说明

参　　数	说　　明
pin	掌控板定义的引脚号,作为Servo控制引脚须为支持PWM的引脚
min_us	设置控制信号脉宽最小宽度,单位μs,默认min_us = 750
max_us	设置控制信号脉宽最大宽度,单位μs,默认max_us = 2250
actuation_range	设置舵机转动最大角度,默认为180°

这里我们针对P0口创建一个对象,对象名为myServo,则代码为

```
myServo = Servo(0,min_us = 500,max_us = 2500)
```

由于控制信号的高电平脉冲宽度在0.5ms～2.5ms，因此要将参数min_us的值设置为500，而参数max_us的值设置为2500。

这个对象可以使用类的方法Servo.write_angle(angle)来控制引脚，这种方法直接发送角度值来设定舵机的角度，其中参数angle即为对应的角度值。

云台控制实现的功能是通过网页中的两个按钮来控制舵机角度的增加或减小，同时在网页中实时显示舵机的角度，保证舵机的角度在0°～180°。

基于这个功能设定，我们先来制作网页内容，这个网页比较简单，只有两个按钮，一个按钮是"角度增加"，一个按钮是"角度减小"，另外就是要考虑显示角度的问题。对应变量CONTENT的内容如下：

```
CONTENT = '''
<html>
<head><meta charset = "utf-8">
<title>云台控制</title>
</head>

<body>

<a href = \"/ANG+\">
<input type = "button" value = "角度增加" style = "width:100%;height:50px">
</a>

<a href = \"/ANG-\">
<input type = "button" value = "角度减小" style = "width:100%;height:50px">
</a>

<br/>舵机角度为:
'''
```

代码方面，添加了控制舵机的部分后整体代码如下：

```
from mpython import *
import socket
from servo import Servo

servoAngle = 90
myServo = Servo(0,min_us = 500,max_us = 2500)
myServo.write_angle(servoAngle)
```

```
mywifi = wifi()
mywifi.enable_APWiFi("mpython","12345678")

CONTENT = '''
<html>
<head><meta charset = "utf-8">
<title>云台控制</title>
</head>

<body>

<a href = \"/ANG+\">
<input type = "button" value = "角度增加" style = "width:80;height:50px">
</a>

<a href = \"/ANG-\">
<input type = "button" value = "角度减小" style = "width:80;height:50px">
</a>

<br/>舵机角度为:
'''

addr_info = socket.getaddrinfo(mywifi.ap.ifconfig()[0],80)          #1
print(addr_info)                                                    #2
addr = addr_info[0][-1]

s = socket.socket()                                    #3 定义一个网络连接
s.setsockopt(socket.SOL_SOCKET,socket.SO_REUSEADDR,1)  #4 设置套接字属性

s.bind(addr)                                           #5 绑定IP和端口号
s.listen(5)

while True:
  res = s.accept()
  print(res)

  client_s = res[0]
  client_addr = res[1]

  req = str(client_s.recv(4096),'utf-8')

  if req.find("/ANG+") != -1:
    servoAngle = servoAngle + 1
```

```
    if servoAngle > 180:
      servoAngle = 180
      myServo.write_angle(servoAngle)

    if req.find("/ANG-") != -1:
      servoAngle = servoAngle - 1
    if servoAngle < 0:
      servoAngle = 0
      myServo.write_angle(servoAngle)

    NEW_CONTENT = CONTENT + str(servoAngle)+ "</body></html>"
    client_s.send(NEW_CONTENT)
    client_s.close()
```

将新代码刷入掌控板，等待掌控板正常建立热点后，将电脑连接到掌控板的热点并打开电脑端的浏览器，在地址栏中输入IP地址并按下回车键后就能看到控制舵机的网页了，如图3.20所示。

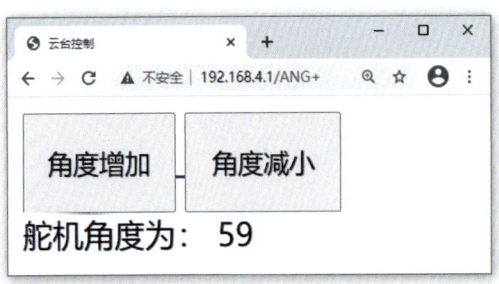

图3.20　控制舵机的网页

如果大家的云台由两个舵机组成，那么可以再添加两个按钮来控制另外一个舵机。

第4章　数据存储与处理

作为网络中的数据处理模块,掌控板可能会处理各种数据。这些数据的形式和格式多种多样,本章我们主要介绍掌控板对数据的存储和处理。

4.1 文件操作

在之前的示例中,当我们重新将程序写入掌控板,或是当掌控板重启的时候,变量中的数值都会丢失。而文件操作提供了一种永久保存数据的方法。用户能够通过程序从文件中读取数据,也可以向文件中写数据。

4.1.1 写文件

在上一章的舵机控制程序中,每次程序重新运行时,都会将舵机转到90°。为了让掌控板"记住"舵机当前的角度,可以将角度的数据写到一个文件中。

在Python中写文件非常简单,只有三步:

第一步,打开文件;

第二步,写入数据;

第三步,关闭文件。

下面我们详细地介绍每一步怎么操作。

第一步打开文件需要使用open()函数,使用这个函数打开文件的时候,除了要指定打开的文件名之外,还可以指定打开文件的模式。open()函数指定的参数和返回值具体说明见表4.1。

表4.1　open()函数指定的参数和返回值

open(file, mode = 'r')	
参　　数	说　　明
file	要打开文件的文件名
mode	指定打开模式(默认为只读)
返回值	已成功打开文件的对象

第 4 章 数据存储与处理

其中，设定打开模式可以使用表4.2中的字符，这些字符可以组合使用。由于参数是文字（字符串），所以在代码中要用单引号（'）括起来。如果没有指定模式，一般默认为r的只读模式。

表4.2 设定打开模式的字符

字 符	含 义
r	只读、无法写入模式（默认为rt），如果文件不存在会报错
w	写入模式，会覆盖原文件，如果文件不存在，则创建新文件
a	写入模式，新增内容会添加到文件末尾，如果文件不存在，则创建新文件
+	文件可更新，如果是"r+"的情况，则可以读/写，文件不存在则会报错；如果是"w+"的情况，也可以读/写，文件不存在的话，会创建新文件

如果open()函数运行正常，则会返回可用的文件对象。第二步就是使用文件对象的write()方法将文本信息写入文件。写文件需要在打开文件时以'w''a'或'r+'作为第二参数。

信息写入后，第三步就是使用文件对象的close()方法关闭文件，这一步的操作是非常有必要的。当你操作完文件之后，最好将资源释放给操作系统，一直打开一个文件可能会出现问题。

这里对应写入舵机角度的代码为

```
f = open('servoAngle.txt','w')
f.write(str(servoAngle))
f.close()
```

因为我们每次都是存储一个角度值，所以这里文件的打开模式为'w'，即覆盖原文件，而文件名为servoAngle.txt。另外，当要打开的文件不存在时，则会创建新文件。

将写入舵机角度的代码加到控制舵机的指令之后，将新代码刷入掌控板，等待掌控板正常建立热点后，将电脑连接到掌控板的热点，并打开电脑端的浏览器进行控制舵机的操作。此时我们在mPython中查看掌控板文件，如图4.1所示。

> **说 明**
>
> 完整的代码可参考下一节中最后的程序。

4.1 文件操作

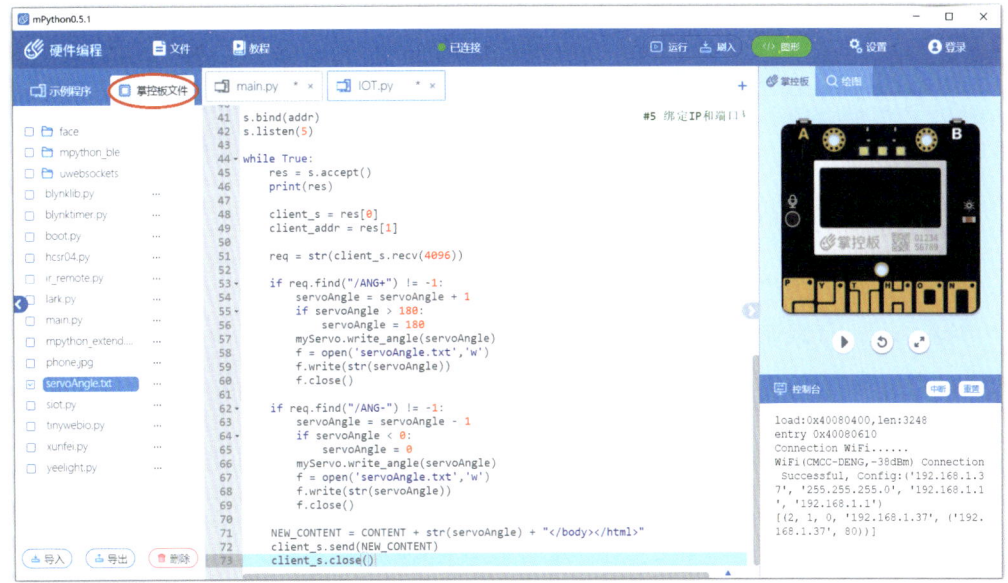

图4.1 在mPython中查看掌控板文件

读取掌控板的文件需要等一段时间，此处我们就能看到新创建的servoAngle.txt文件，双击打开这个文件就能看到里面存储的舵机角度的数值。不过这个数值并不是实时变化的，实际上这个文件的内容就是我们之前读取掌控板文件时对应的数值。如果我们又通过浏览器的操作改变了舵机的角度，那么需要"重新加载"掌控板中的文件，如图4.2所示。在文件列表的空白处点击鼠标右键弹出菜单项，选择"重新加载"即可。

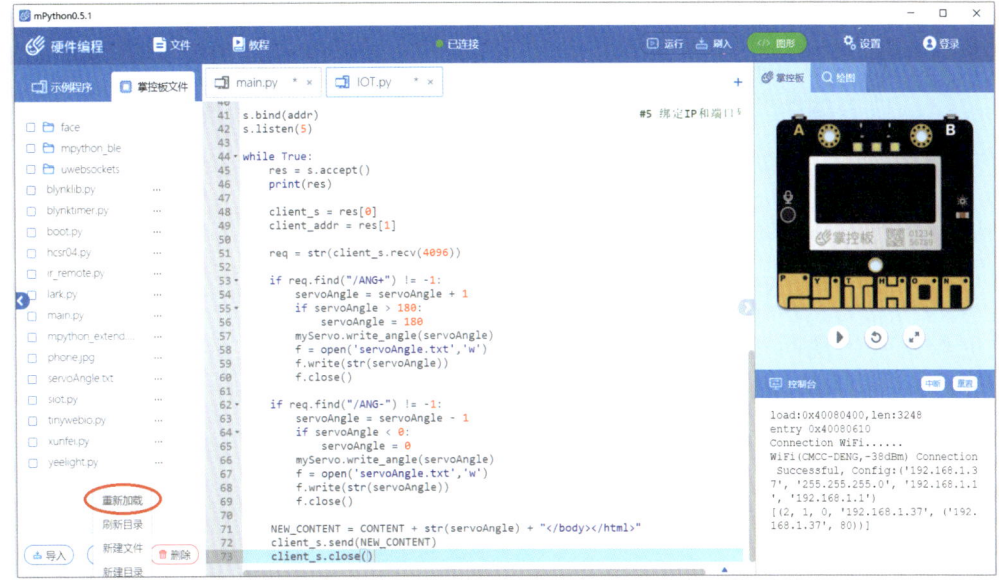

图4.2 "重新加载"掌控板中的文件

4.1.2 读取文件

目前的程序每次重新运行时，舵机依然会转到90°。因此程序方面还需要进行一点调整，就是在每次重新运行时要先读取保存的舵机角度数据。

在Python中读取文件也需要三步：

第一步，打开文件；

第二步，读取数据；

第三步，关闭文件。

由于open()函数中的打开模式默认为r的只读模式。因此，这里函数的参数只要有文件名就可以了。第二步使用文件对象的read()方法读取文件。第三步依然是使用文件对象的close()方法关闭文件。

对应读取舵机角度的代码为

```
f = open('servoAngle.txt')
servoAngle = int(f.read())
f.close()
```

这里注意要将读取的信息转换为整型的数字。将读取舵机角度的代码加到程序的起始位置，然后将新代码刷入掌控板，掌控板重新运行程序时就会将舵机保持在之前的位置。

虽然这段程序运行正常，但可能会存在一点问题——这个程序没有检查读取的文件是否存在或者所获取值的取值范围是否正确，假如我们不小心将servoAngle.txt删除了，同时又没有再改变舵机的角度，那么当读取文件，而文件不存在时，程序就会出现如下错误信息：

```
OSError:[Errno 2] ENOENT
```

而如果不小心将文件中的内容改成了超出取值范围的值，那么在控制舵机的时候就会出现问题。为了避免这种情况的出现，最好把文件读取的代码放在try当中，同时判断所获取值的取值范围是否正确，程序如下：

```
try:
    f = open('servoAngle.txt')
    servoAngle = int(f.read())
    f.close()
```

```
    if servoAngle > 180:
       servoAngle = 180
    if servoAngle < 0:
       servoAngle = 0
except:
    servoAngle = 90
```

这样，Python就会尝试打开文件，如果文件无法打开，则except部分的程序就会运行，直接将servoAngle赋值为90。

另外，如果能读取文件，我们还可以将网页的内容保存成单独的HTML文件，这样程序中就没有必要嵌入HTML的内容了，每次只需要直接读取文件就可以了，同时如果网页内容有修改，也可以直接修改HTML文件，不需要更改程序文件。

要在掌控板中创建一个文件，可以在掌控板文件列表的空白处点击鼠标右键，在弹出的菜单项中选择"新建文件"，如图4.3所示。

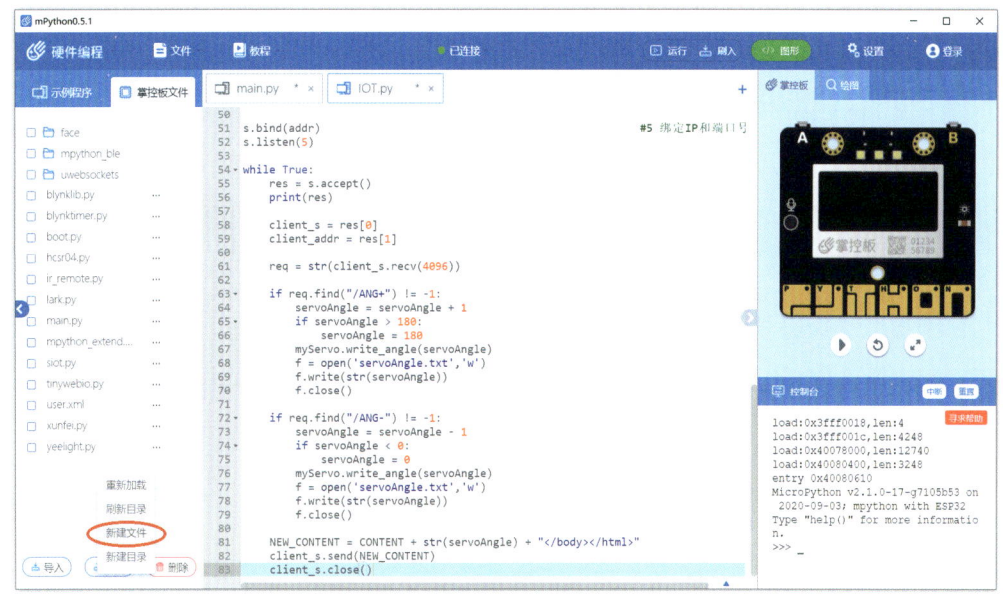

图4.3　在掌控板中创建一个文件

之后会弹出一个对话框，要求输入文件名，这里我将这个文件命名为"web.html"。

新建的文件名会出现在左侧的掌控板文件列表，双击这个文件名可在中间编辑文件内容，接着将网页内容复制到这个文件中，如图4.4所示。

第 4 章 数据存储与处理

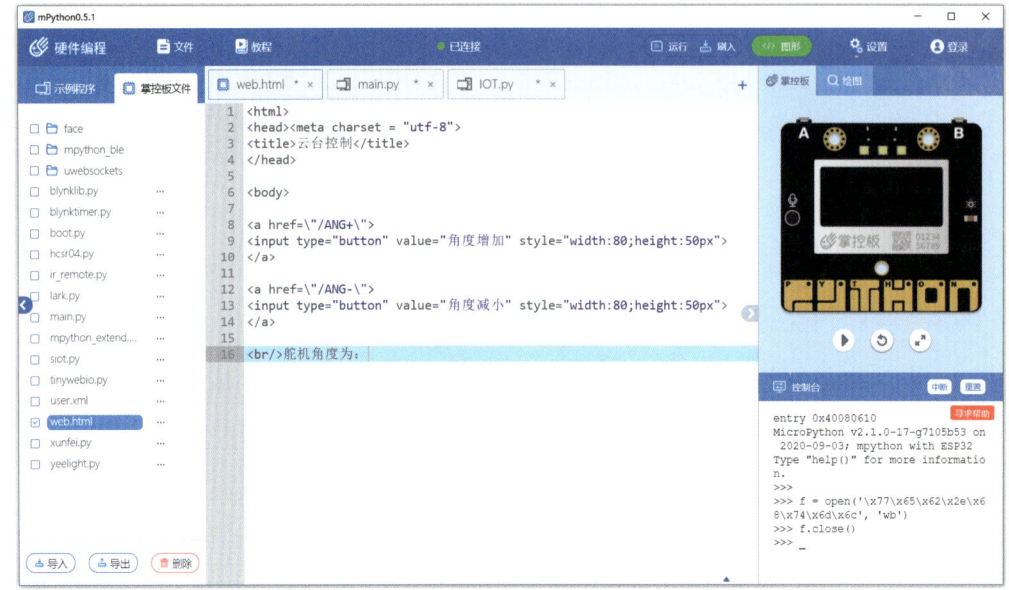

图4.4 将网页内容复制到新建的文件中

保存文件，然后将程序中网页内容的部分换成读取文件的代码即可。最终完成的程序如下：

```
from mpython import *
import socket
from servo import Servo

try:
  f = open('servoAngle.txt')
  servoAngle = int(f.read())
  f.close()
  if servoAngle > 180:
    servoAngle = 180
  if servoAngle < 0:
    servoAngle = 0
except:
  servoAngle = 90

myServo = Servo(0,min_us = 500,max_us = 2500)
myServo.write_angle(servoAngle)


SSID = "CMCC-DENG"            #这里要换成你的网络名称,CMCC-DENG是我的网络名称
PASSWORD = "你的网络密码"                                       #你的网络密码

mywifi = wifi()
```

```
mywifi.connectWiFi(SSID,PASSWORD)

try:
  f = open('web.html')
  CONTENT = f.read()
  f.close()
except:
  CONTENT = '''Webpage Not Found'''

addr_info = socket.getaddrinfo(mywifi.sta.ifconfig()[0],80)        #1
print(addr_info)                                                    #2
addr = addr_info[0][-1]

s = socket.socket()                                    #3 定义一个网络连接
s.setsockopt(socket.SOL_SOCKET,socket.SO_REUSEADDR,1)   #4 设置套接字属性

s.bind(addr)                                           #5 绑定IP和端口号
s.listen(5)

while True:
  res = s.accept()
  print(res)
  
  client_s = res[0]
  client_addr = res[1]
  
  req = str(client_s.recv(4096),'utf-8')
  
  if req.find("/ANG+") != -1:
    servoAngle = servoAngle + 1
    if servoAngle > 180:
      servoAngle = 180
    myServo.write_angle(servoAngle)
    f = open('servoAngle.txt','w')
    f.write(str(servoAngle))
    f.close()
    
  if req.find("/ANG-") != -1:
    servoAngle = servoAngle - 1
    if servoAngle < 0:
      servoAngle = 0
    myServo.write_angle(servoAngle)
    f = open('servoAngle.txt','w')
```

第 4 章　数据存储与处理

```
        f.write(str(servoAngle))
        f.close()

NEW_CONTENT = CONTENT + str(servoAngle)+ "</body></html>"
client_s.send(NEW_CONTENT)
client_s.close()
```

> **说　明**
>
> 　　这段程序中本人是将掌控板作为节点连接到现有的Wi-Fi网络中，因此使用的是wifi()类的wifi.connectWiFi()方法。

4.1.3　多行文件的读写

上面的程序中我们只保存了一个值，如果要控制两个舵机，那么可能需要保存两个数值。更有甚者，如果保存的是一系列传感器的值，那么可能要保存更多的数据。

针对这种情况，简单的方式可以将数据分成多行来保存，每一行是一个数据。我们尝试在REPL模式中进行如下操作：

```
>>> f = open('servoAngle.txt','w')
>>> f.write('60')
2
>>> f.write('62')
2
>>> f.close()
>>>
```

上述程序在打开servoAngle.txt文件后，向其中写入了两个数字，一个60，一个62，然后关闭文件。

> **说　明**
>
> 　　write()方法执行后返回的值是写入的字符数。

下面我们来读取文件中的内容，看看是不是我们想要的，操作如下：

```
>>> f = open('servoAngle.txt')
>>> f.read()
'6062'
>>>
```

通过操作能看到数字60和62都已经存到了文件中，不过两者连在一起了，变成了6062，显然这不是我们希望得到的结果，我们要将"60"和"62"存为两行，需要用到转义字符。

转义字符简单理解就是表示格式的一些字符，遇到这些字符的时候并不会直接显示，而是会按照定义转换成不同的形式。主要的转义字符见表4.3。

表4.3 主要的转义字符

字 符	说 明
\	忽略\后的换行符（针对需要换行的连续代码）
\\	显示符号\
\'	显示单引号
\"	显示双引号
\a	响 铃
\b	退 格
\f	分页符（无法在命令提示符下正确显示）
\n	换 行
\r	回 车
\v	垂直制表（无法在命令提示符下正确显示）

最常用的转义字符就是表示换行的"\n"。比如之前保存数据"60"和"62"的操作中，如果要在"60"和"62"之间加一个换行，则可以如下操作：

```
>>> f = open('servoAngle.txt','w')
>>> f.write('60')
2
>>> f.write('\n')
1
>>> f.write('62')
2
>>> f.close()
>>>
>>> f = open('servoAngle.txt')
>>> f.read()
'60\n62'
>>> f.close()
>>> f = open('servoAngle.txt')
```

```
>>> print(f.read())
60
62
>>> f.close()
>>>
```

这次当我们写入了"60"之后,又写入了一个"\n",然后才写入"62"。当我们读取文件的时候,能够看到读出来的是"60\n62",表示"60"和"62"之间有一个换行。但是直接输出f.read()返回值的时候,不会输出换行的格式,要使用print()函数才能看到对应的格式。

如果我们进行如下操作:

```
>>> f = open('servoAngle.txt','w')
>>> f.write('60')
2
>>> f.write('\n')
1
>>> f.write('\n')
1
>>> f.write('62')
2
>>> f.close()
>>>
>>> f = open('servoAngle.txt')
>>> print(f.read())
60

62
>>> f.close()
>>>
```

或者这样操作:

```
>>> f = open('servoAngle.txt','w')
>>> f.write('60')
2
>>> f.write('\n\n')
2
>>> f.write('62')
2
>>> f.close()
>>>
```

```
>>> f = open('servoAngle.txt')
>>> print(f.read())
60

62
>>> f.close()
>>>
```

通过print()函数显示文件内容的时候就会看到两个数之间有一个空行。第一个"\n"对应的是"60"这一行，而第二个"\n"对应的是空行。

至此我们完成了两个数字在一个文件中的保存。当然如果我们直接打开文件看到的也是两个数字之间有一个空行。

解决了数据保存的问题之后，我们再来看看数据的读取。通过前面的操作能看到当读取包含换行转义字符的内容时，得到的内容是"60\n62"。如果要将两个数据分开（或者多行的内容分开），可以使用splitlines()函数。

尝试如下操作：

```
>>> f = open('servoAngle.txt')
>>> f.read().splitlines()
['60','62']
>>> f.close()
>>>
```

通过操作能看到，经过splitlines()函数处理之后，文件内容被按照行分成了一个列表，列表中的每一项就是一行的内容。之后我们再根据列表的位置来寻找想要的参数就可以了。

> **说　明**
>
> 这个列表是一个字符串的列表，如果当作数字来处理还需要先转换成数字。

4.1.4 读取大文件

之前的文件包含的内容都比较少，直接读取没问题，不过，如果要读取一个很大的文件时，将会有两件事发生。第一，会花费大量的时间读取所有的数据。第二，因为一次性读入所有数据，会占用至少文件大小的内存，如果是特别大的文件，可能会造成内存耗尽。

那么如果要读取一个大文件，应该如何处理呢？通常的做法都是逐行读取，这就需要使用文件对象的readline()方法。当读到文件的最后一行时，将返回一个空字符串('')，否则将返回这一行的内容，包括换行符(\n)。如果它读到的是两行之间的空行而不是文件的最后，那么只返回一个换行符(\n)。readline()方法一次只会读一行的内容，因此只会占用保存一行数据的内存。

如果文件无法分成合适的行，那么还可以设定一个参数来限定读取的字符数。比如，以下的代码将只读取文件开始的25个字符。

```
>>> f = open('web.html')
>>> f.read(25)
'<html>\r\n<head><meta chars'
>>>
```

说　明

注意转义字符只算一个字符，比如这里"\r"和"\n"都只算一个字符。

4.2　CSV文件

4.2.1　什么是CSV文件？

CSV是Comma-Separated Values（逗号分隔值，有时也称为字符分隔值，因为分隔字符可以不是逗号）的简写，其文件是以纯文本形式存储表格数据（数字和文本）。

纯文本意味着该文件是一个字符序列，不含像二进制数字那样需要被解读的数据。CSV文件由任意数目的记录组成，记录间以换行符分隔；每条记录由字段组成，字段间的分隔符是其他的字符或字符串，最常见的是逗号或制表符。通常，所有记录都有完全相同的字段序列。

CSV是一种通用的、相对简单的文件格式，应用广泛。不过CSV文件格式的通用标准并不存在，使用的字符编码同样没有被指定。因此在实际中，CSV泛指具有以下特征的任何文件：

（1）纯文本，使用某个字符集。

（2）由记录组成（典型的是每行一条记录）。

（3）每条记录被分隔符分隔为不同字段（典型分隔符有逗号、分号或制表符）。

（4）每条记录都有同样的字段序列。

在这些常规的约束条件下，存在许多CSV变体，故CSV文件并不完全互通。不过，这些变异非常小，并且有许多应用程序允许用户预览文件，然后指定分隔符、转义规则等。如果一个特定CSV文件的变异过大，超出了特定接收程序的支持范围，那么可行的做法往往是人工检查并编辑文件，或通过简单的程序来修复问题。因此在实际使用中，CSV文件还是非常方便的。

4.2.2 新建CSV文件

了解了什么是CSV文件之后，下面我们来创建一个CSV文件。

首先在掌控板中新建一个文件，文件名为data.csv。新建文件有以下两种方法：

（1）参考4.1.2节中新建web.html文件。

（2）直接在REPL模式输入f = open('data.csv','w')。

然后尝试在REPL模式为文件写入信息，操作如下：

```
>>> f = open('data.csv','a')
>>> f.write('20,23,40\n')
9
>>> f.write('21,22,41\n')
9
>>> f.close()
>>>
```

这里打开文件时模式的参数为"a"，表示新增内容会添加到文件末尾。接着我们分别输入了两条记录，每条记录假设包含了某个物联网节点在某个时间点的三个数据（比如这三个数据是湿度、温度和光线强度），三个数据之间用逗号分隔，最后关闭文件。

此时如果读取文件，则显示内容如下：

```
>>> f = open('data.csv')
>>> f.read()
'20,23,40\n21,22,41\n'
>>> f.close()
>>>
```

如果还想接着输入数据，可以继续以"a"模式打开文件，操作如下：

```
>>> f = open('data.csv','a')
>>> f.write('20,20,41\n')
9
>>> f.close()
>>>
```

或者以变量的形式输入数据，操作如下：

```
>>> x = 20
>>> y = 20
>>> z = 41
>>>
>>> f = open('data.csv','a')
>>> f.write(str(x)+','+str(y)+','+str(z)+'\n')
9
>>> f.close()
>>>
```

这样这个CSV文件中就有了三条记录，如果直接打开文件，看到的内容如下：

```
20,23,40
21,22,41
20,20,41
```

> **说　明**
>
> 　　CSV并不是只能保存数字，也可以保存文本。确切地来说这里的数字也是文本的形式。

4.2.3 CSV文件的处理

CSV文件默认可以通过表格软件来处理（或者直接用记事本来打开），假如这里先将data.csv文件导出，如图4.5所示。

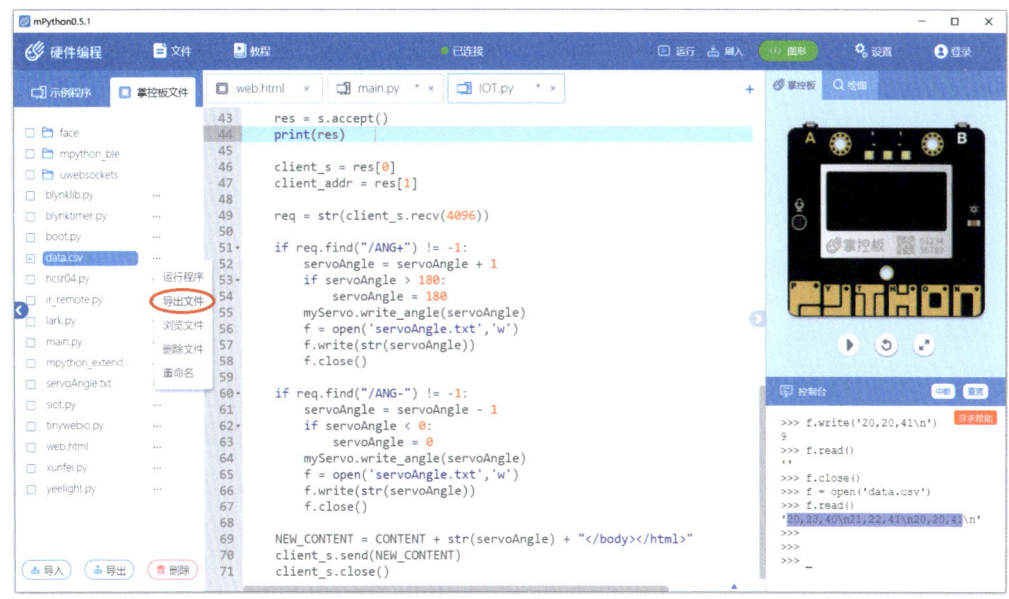

图4.5 导出文件

点击掌控板文件中data.csv文件后面的...符号，在弹出的菜单中选择"导出文件"，就能将文件保存在电脑上。

> **说　明**
>
> 注意在导出前要先重新加载掌控板文件中的内容。

然后用表格软件将data.csv文件打开（这里我使用的是WPS中的表格），则显示的内容如图4.6所示。

能看到表格软件自动将CSV文件中的内容分到了不同的格子中，以方便进一步处理。

这是CSV文件在电脑端的处理形

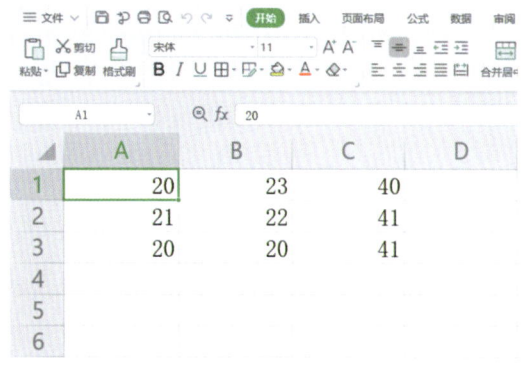

图4.6 利用表格软件打开CSV文件

式,那么在掌控板中如何处理CSV文件呢?需要使用split()方法,该方法能够按照某个字符将文本信息分割开。下面尝试以下操作:

```
>>> f = open('data.csv')
>>> line = f.readline()
>>> line
'20,23,40\n'
>>> num = line.split(',')
>>> num
['20','23','40\n']
>>> f.close()
```

通过这个操作能看出,split()方法会按照某个字符将文本信息分割开,变成一个列表。由于这里是通过逗号来分割,所以split()方法中的参数为","。如果要通过其他符号来分割,那么相应地改变这个参数就可以了。不过这里也能看出来分割之后,该条记录的最后一项中还包含了一个换行符"\n",如果想去掉换行符,可以使用strip()方法,操作如下:

```
>>> f = open('data.csv')
>>> line = f.readline()
>>> line = line.strip()
>>> line
'20,23,40'
>>> num = line.split(',')
>>> num
['20','23','40']
>>> f.close()
>>>
```

这样我们就得到了一个没有换行符的列表。

> **说　明**
>
> 　　strip()方法默认删除字符串开头和结尾的空白符(包括'\n','\r','\t','')。如果只想删除字符串开头的空白符,可以使用lstrip()方法;而如果只想删除字符串结尾的空白符,可以使用rstrip()方法。
>
> 　　另外,如果只想删除换行符,还可以用参数来指定,比如上面的操作也可以写成:
>
> 　　line = line.strip('\n')

如果要将所有的数据读出来，则操作如下：

```
>>> f = open('data.csv')
>>> line = f.readline()
>>> line = line.strip()
>>> num = []
>>> num.append(line.split(','))
>>>
>>> line = f.readline()
>>> line = line.strip()
>>> num.append(line.split(','))
>>>
>>> line = f.readline()
>>> line = line.strip()
>>> num.append(line.split(','))
>>>
>>> num
[['20','23','40'],['21','22','41'],['20','20','41']]
>>> f.close()
>>>
```

如果在程序中要获取所有数据，可以使用循环语句，要想知道是否到了文件最后一行，可以判断readline()返回的是不是一个空字符串('')。如果读到的是两行之间的空行而不是文件的最后，那么将只返回一个换行符(\n)。

4.3 JSON

4.3.1 JSON格式说明

JSON（Java Script Object Notation）是一种轻量级的数据交换格式。采用完全独立于编程语言的文本格式来存储和表示数据。简洁清晰的层次结构使得JSON成为理想的数据交换语言，易于用户阅读和编写，同时也易于机器解析和生成，有效地提升了网络传输效率。

4.3.2 JSON的数据格式

JSON的数据格式很像字典，都是通过键值对来保存数据的，不过JSON数据对象的类型是字符串。JSON的数据格式中一对键值（关键字与对应的值）之间用分号分隔，而键值对之间用逗号分隔。一个JSON的数据对象整体放在一对大括号中。

JSON的值可以是数字（整数或浮点小数）、字符串（放在引号之中）、布尔值（true或false）、数组（放在方括号中）、对象（放在大括号中）、null（空），甚至可以是另一个JSON对象或是JSON对象组成的数组（组成数组时这些JSON对象必须放在方括号内，并且用逗号分隔）。

4.3.3 序列化

序列化是指将数据信息转换成可以存储或者可以通过网络传输（即字符串的形式）的形式。掌控板中提供了json库用于进行JSON格式的数据序列化。要应用json库，需要先导入json库，代码如下：

```
import socket
```

这个库中有一个json对象，该对象的主要方法如下：

```
>>> import json
>>> json.
__class__        __name__        dump    dumps
load             loads
>>> json.
```

其中，dump()和dumps()就是将数据序列化的方法。先来试试dumps()方法，尝试进行以下操作：

```
>>> data = {'x':20,'y':23}
>>> import json
>>> dataJson = json.dumps(data)
>>> dataJson
'{"y":23,"x":20}'
>>> print(dataJson)
{"y":23,"x":20}
>>> type(data)
<class 'dict'>
>>> type(dataJson)
<class 'str'>
>>>
```

这里能看到经过序列化之后的内容就是字符串。

dump()方法与dumps()方法功能类似，只不过dump()方法的作用是直接将转换后的内容写入文件，操作如下：

```
>>> f = open('data.json','w')
>>> json.dump(data,f)
>>> f.close()
>>> f = open('data.json')
>>> f.read()
'{"y":23,"x":20}'
>>>
```

4.3.4 反序列化

相对的，反序列化就是序列化的反过程。load()和loads()就是反序列化的方法。其中，loads()是将字符串反序列化的方法，而loads()是直接将文件反序列化的方法。操作如下：

```
>>> dataNew = json.loads(dataJson)
>>> dataNew
{'y':23,'x':20}
>>> type(dataNew)
<class 'dict'>
>>> f = open('data.json')
>>> dataNew = json.load(f)
>>> dataNew
{'y':23,'x':20}
>>> f.close()
>>>
```

4.4 正则表达式

4.4.1 什么是正则表达式？

正则表达式（Regular Expression）是对字符串进行操作的一种逻辑公式，就是用事先定义好的一些特定字符及这些特定字符的组合，组成一个"规则字符串",这个"规则字符串"用来表达对字符串的一种过滤逻辑。正则表达式通常被用来检索、替换那些符合某个模式的文本。

正则表达式并不是Python独有的,它具有自己独特的语法和一个独立的处理引擎。在支持正则表达式的编程语言中,正则表达式的语法都是一样的,区别只是不同的编程语言实现的方式不同。

如果给定一个正则表达式和一个字符串,我们可以达到如下目的:

(1)给定的字符串是否符合正则表达式的过滤逻辑(称作"匹配")。

(2)可以通过正则表达式,从字符串中获取我们想要的特定部分。

4.4.2 正则表达式的符号

正则表达式由普通字符和元字符(metacharacters)组成。普通字符包括大小写的字母和数字,而元字符则具有特殊的含义。

在最简单的情况下,一个正则表达式看上去就是一个普通的字符串。例如,正则表达式"testing"中没有包含任何元字符,那么它可以匹配"testing"和"testing123"这样的字符串,但是不能匹配"Testing"。

如果想真正用好正则表达式,正确理解元字符是最重要的事情。表4.4中列出了主要的元字符以及对于这个元字符的简短介绍及示例。组合这些元字符就能表示不同形式的字符串。

表4.4 主要的元字符

元字符	含 义	示 例
.	任何的一个字符(换行符除外)	a.c→abc、a3c、azc等
^	匹配开头	^ ab→abc、ab098、abbbb等
$	匹配结束	$ ab→123ab、xyzab、8u7yab等
*	没有、一个或多个	ab * c→ac, abc, abbbc等
+	一个或多个	ab + c→abc, abbc, abbbbc等
?	没有或只有一个	ab?c → 仅表示ac或abc
{n}	n是一个非负整数,表示重复n次	ab{3} → 仅表示abbb
{n,}	n是一个非负整数,至少重复n次	ab{3,} → abbbb、abbbbbbb等 o{1,}等价于o+。 o{0,}则等价于o*
{n,m}	m和n均为非负整数,其中n <= m。至少重复n次,且最多重复m次	ab{3,4} → 表示abbb或abbbb

续表4.4

元字符	含义	示例
|	字符串之一	abc | xyz | 012→abc或xyz或012
[ ]	指定字符中的一个（如果指定字符是连续的，可以像0-9、a-z、A-Z这样写）	a[xyz]b→axb或ayb或azb [0-9]→0-9中的任何一个 [D-G]→D、E、F、G中的任何一个
( )	分组	a(bc)*d → ad、abcd、abcbcd、abcbcbcd等 a(b|c)d → abd或acd
\d	阿拉伯数字	0~9中的任何一个（与[0-9]相同）
\D	非阿拉伯数字	0~9之外的任何一个
\w	字母数字或下划线	A~Z、a~z、0~9、_中的任何一个（与[A-Za-z0-9_]相同）
\W	非字母数字或下划线	A~Z、a~z、0~9、_之外的任何一个

这些符号中，"."""^"""$"和"[ ]"这4个符号是最基础的正则表达式符号，很多其他符号都能用这4个符号等价表示。

4.4.3 文本的匹配

比如通常400电话的书写格式都是"400"加1个数，然后是一个横线加3个数字，接着又是一个横线加3个数字，那么可以使用"400加1个数字，然后加一个横线（-）和3个数字，再加一个横线和3个数字"的形式来编写正则表达式。编写的过程如下：

（1）首先是"400"加1个数，那么我们可以写400[0-9]。

（2）接着是一个横线（-）和3个数字，那么我们可以接着写400[0-9]-[0-9]{3}。

（3）最后再来一个横线（-）和3个数字，则最后的正则表达式就是400[0-9](-[0-9]{3}){2}。

我们可以通过这个正则表达式判断一个400电话是否满足这样的格式。

Python中提供了re库来支持正则表达式的功能，要应用正则表达式需要先导入re库，代码如下：

```
import re
```

正则表达式这个库中的方法包括：

```
>>> import re
>>> re.
__class__      __name__      compile      match
search         sub
>>> re.
```

应用正则表达式进行文本检索、匹配或替换的一般步骤是先将正则表达式的字符串形式通过compile()方法编译为一个实例，然后利用这个实例来处理文本。编译的目的是判断正则表达式的字符串本身是否正确，如果一个正则表达式需要重复使用，那么这个实例是不需要重复编译的。这里判断一个400电话是否满足格式要求的操作如下：

```
>>> import re
>>> pettern = re.compile('400[0-9](-[0-9]{3}){2}')
>>> pettern.match('4008-123-456')
<match num = 1>
>>>
```

match()方法会尝试从字符串的起始位置开始匹配，如果起始位置匹配没有成功，match()就没有返回值；如果匹配成功，则会返回匹配的数量，进一步，还可以使用group(0)来显示匹配的内容，操作如下：

```
>>> pettern.match('4008-123-456').group(0)
'4008-123-456'
>>>
```

4.4.4 文本的查找

match()方法是从字符串的起始位置开始匹配的，如果我们想在一段字符中查找有没有满足正则表达式的文本，那就需要用到search()方法。

如果我们想从3.4.1节的客户端发送给服务器的数据中获取客户端Chrome浏览器的版本，则对应的代码如下：

```
……
req = str(client_s.recv(4096),'utf-8')
pattern = re.compile('Chrome/[0-9.]+')
vNum = pattern.search(req).group(0)
print(vNum)
……
```

用这段代码代替3.4.1节代码中红色的部分。这样就会在每次客户端给服务器发送数据的时候显示Chrome的版本号。

通过分析3.4.1节中客户端发送给服务器的数据，能够发现Chrome的版本号是在字符"Chrome/"之后的几个由数字和点（对应[0-9.]）组成的一串（对应+）字符，因此，对应的正则表达式为"Chrome/[0-9.]+"，然后程序中通过compile()方法将正则表达式编译为一个实例，最后通过search()和group(0)找到对应的内容并将版本号显示出来。

4.4.5 文本的替换

查找之后我们来说一下文本的替换，对应的方法为sub()。

我们还是以浏览器的例子来实践。现在已经找到了"Chrome/"以及之后的版本号，这里我们想将其替换为"MiuiBrowser"，则对应的代码为（基于上一小节代码的修改）：

```
......
  req = str(client_s.recv(4096),'utf-8')
  pattern = re.compile('Chrome/[0-9.]+')
  req = pattern.sub('MiuiBrowser',req)
  print(req)
......
```

sub()方法有两个参数，第一个参数是要替换的文本内容（这里就是"MiuiBrowser"），而第二个参数是替换的对象目标。

将新代码刷入掌控板，等待掌控板正常启动之后，打开电脑端的浏览器访问掌控板中的网页，此时就会看到如下信息：

```
GET/favicon.ico HTTP/1.1
Host:192.168.1.37
Connection:keep-alive
User-Agent:Mozilla/5.0(Windows NT 10.0;Win64;x64)AppleWebKit/
537.36(KHTML,like Gecko)MiuiBrowser Safari/537.36
Accept:image/avif,image/webp,image/apng,image/*,*/*;q = 0.8
Referer:http://192.168.1.37/ANG-
Accept-Encoding:gzip,deflate
Accept-Language:zh-CN,zh;q = 0.9
```

这里能看到Chrome的内容已经变成了MiuiBrowser。另外我们看到这里的IP地址为192.168.1.37，说明在本章中本人是将掌控板作为节点连接到了现有的Wi-Fi网络中。

4.4.6 文本的分割

最后介绍一下文本的分割。通过compile()方法编译的实例还有一个方法split()，通过这个方法，以满足正则表达式的文本作为分割点可以将原文本分割开。操作如下：

```
>>> pattern = re.compile('[0-9]')
>>> pattern.split('abc4efg')
['abc','efg']
>>> pattern.split('a1c4e5g')
['a','c','e','g']
>>>
```

这里的正则表达式表示任意一个数字，通过数字我们将"abc4efg"分割成了"abc"和"efg"，将"a1c4e5g"分割成了"a""c""e"和"g"。

第5章　本地物联网应用

第3章我们通过掌控板在本地实现了一个简单的可交互的网络，在这个网络中掌控板相当于服务器又相当于物联网中的一个节点，手机和电脑连接的都是掌控板，同时获取的也是掌控板的信息。

通过这个例子我们了解了网络通信的大致流程，进一步，我们还可以将更多的掌控板连接到作为热点的掌控板上，为这个物联网络加入更多的节点。小型网络示意图如图5.1所示。

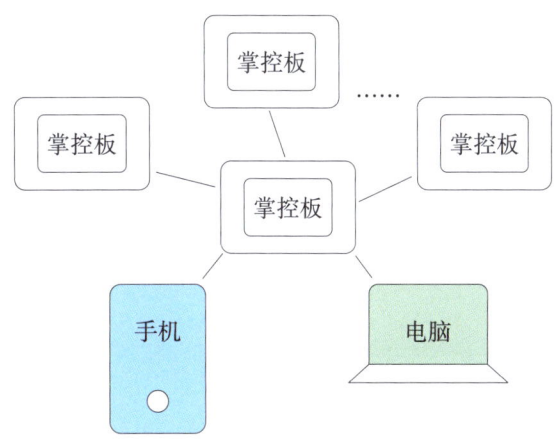

图5.1　加入更多掌控板的小型网络

在这种情况下，掌控板之间就需要有分工了，作为节点的掌控板主要负责获取节点环境数据以及连接的各个传感器的信息，并将这些信息以一定的格式（比如第4章介绍的JSON格式）发送给作为热点的掌控板，而作为热点的掌控板则需要承担更多的数据处理及存储的工作，以及一部分的网页交互工作，以便当手机和电脑访问自己的时候能够更好地展示所有的数据。对于掌控板来说任务可能有点太重了，因此，本章我们将利用SIoT在电脑上创建一个本地的物联网服务器，由电脑来承担数据的处理、存储与展示工作。变更后的网络示意图如图5.2所示。

在这个网络中，掌控板都是作为物联网节点连接到服务器上的。下面我们就通过SIoT来实现本地的物联网应用。

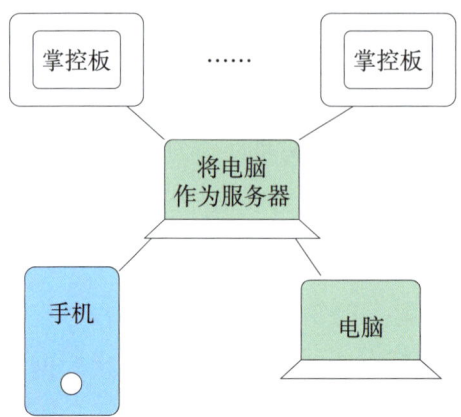

图5.2　将电脑作为服务器的本地网络

> **说　明**
>
> 也可以用树莓派、虚谷号及拿铁熊猫等微型计算机来当作本地服务器。

5.1　安装运行SIoT

5.1.1　SIoT的特点

SIoT中的S是指科学（science），同时也有简单（simple）的意思。它是"虚谷物联"项目的核心软件，重点关注物联网数据的收集和导出，是采集科学数据的最好选择之一。

SIoT采用GO语言编写，其特点如下：

（1）跨平台。支持Win10、Win7、Mac、Linux等操作系统。只要启动这一程序，普通计算机也可以成为标准的MQTT服务器。

（2）一键运行。纯绿色软件，不需要安装，下载后解压缩就可以使用，尤其适合中小学的物联网技术教学。

（3）使用简单。软件运行后，不需要任何设置就可以使用。

（4）支持数据导出。所有物联网消息数据都可以在线导出，系统采用SQLite数据库，同时支持Mysql数据库。

5.1 安装运行 SIoT

（5）支持标准的MQTT协议，QoS级别为0。

（6）支持WebAPI。系统配备了完善的WebAPI，方便各种软件以HTTP的方式调用。

（7）支持插件开发。

5.1.2 SIoT的安装

本章要进行的第一个操作就是安装SIoT，软件下载地址为http://mindplus.dfrobot.com.cn/siot。

大家可以根据自己的系统选择对应的SIoT软件压缩包进行下载，这里笔者选择的是Windows操作系统的版本。这个压缩包非常小，只有8.97M。

SIoT是一款绿色软件，当压缩包下载完成后，将其解压到一个文件夹中，然后选择其中的SIoT_windows_1_2.exe文件，双击运行即可。运行后界面如图5.3所示。

图5.3 运行SIoT软件

在这个界面中能看到当前这台电脑在局域网中的IP地址为192.168.1.29。接着打开电脑端的浏览器，在其中输入IP地址加8080端口号（软件默认HTTP API 端口为8080），这时输入的就是192.168.1.29:8080。此时就能看到图5.4所示的SIoT软件的客户端界面。

第 5 章　本地物联网应用

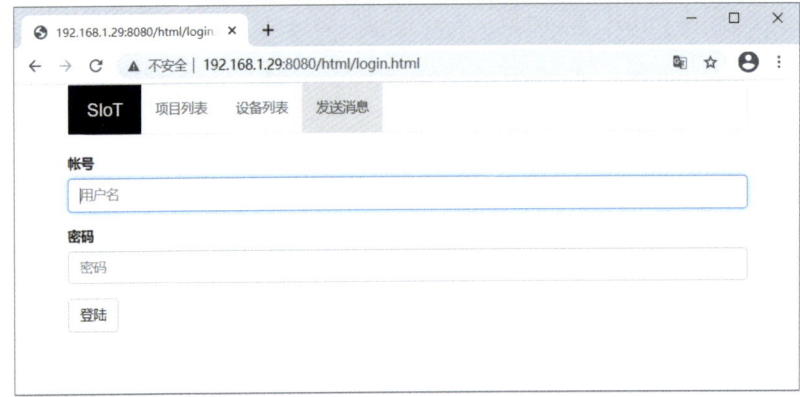

图5.4　SIoT软件的客户端界面

出现这个界面就说明SIoT安装成功了。

> **说　明**
>
> （1）如果无法打开客户端，可以再确认一下IP地址是否正确以及电脑的8080端口是否被占用。
>
> （2）要保证没有关闭SIoT软件。

5.1.3　登录客户端

图5.4是一个登录界面，输入默认的登录名siot及默认密码dfrobot后，点击登录即可进入项目主页，如图5.5所示。

图5.5　登录SIoT客户端之后的界面

5.2 MQTT协议原理

SIoT是一个开源免费的MQTT服务器软件，在具体应用SIoT之前，我们先介绍MQTT协议的原理。

5.2.1 MQTT协议设计规范

由于物联网的环境是非常特别的，所以MQTT遵循以下设计原则：

（1）精简，不添加可有可无的功能。

（2）发布/订阅（Pub/Sub）模式，方便消息在传感器之间传递，提供一对多的消息发布，解除应用程序耦合。

（3）允许用户动态创建主题，零运维成本。

（4）把传输量降到最低以提高传输效率。

（5）把低带宽、高延迟、不稳定的网络等因素考虑在内。

（6）支持连续的会话控制。

（7）理解客户端计算能力可能很低。

（8）提供服务质量管理。

（9）假设数据不可知，不强求传输数据的类型与格式，保持灵活性。

5.2.2 MQTT协议实现方式

实现MQTT协议需要客户端和服务器端通信完成，在通信过程中，MQTT协议包含三种身份：发布者（Publish）、代理（Broker，也叫服务器）、订阅者（Subscribe）。其中，消息的发布者和订阅者都是客户端，消息的代理是服务器，消息的发布者可以同时是订阅者。几者之间的关系如图5.6所示。这里SIoT软件扮演的就是代理的角色。

MQTT会构建底层网络传输，它将建立客户端到服务器的连接，提供两者之间的一个有序的、无损的、基于字节流的双向传输。

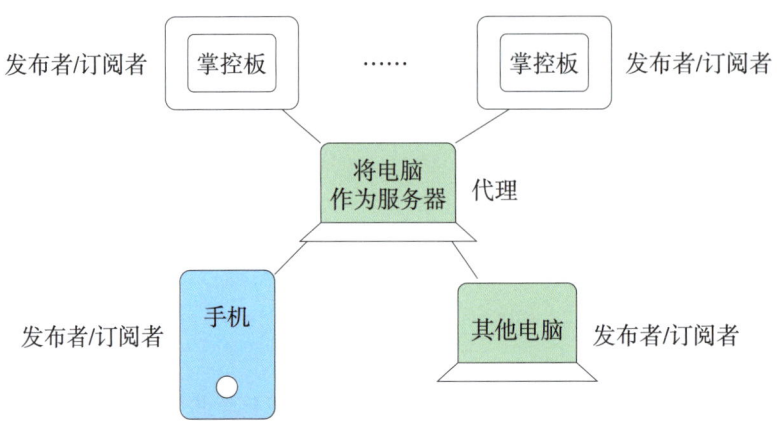

图5.6　MQTT协议实现方式

这里客户端要做的工作是：

（1）发布其他客户端可能会订阅的信息。

（2）订阅其他客户端发布的消息。

（3）退订或删除应用程序的消息。

（4）断开与服务器的连接。

服务器要做的工作是：

（1）接收来自客户的网络连接。

（2）接收客户发布的应用信息。

（3）处理来自客户端的订阅和退订请求。

（4）向订阅的客户转发应用程序消息。

5.2.3　MQTT传输的消息

MQTT传输的消息分为主题（topic）和正文（payload）两部分：

（1）主题可以理解为消息的类型，订阅者订阅（Subscribe）后，就会收到该主题的消息内容。

（2）正文可以理解为消息的内容，是指订阅者具体要使用的内容。

当数据通过MQTT网络发送时，MQTT会把与之相关的服务质量（QoS，即保证消息传递的次数）和主题名（topic）相关联。

5.3 消息的发布和订阅

5.3.1 在SIoT客户端发布和订阅数据

在SIoT的客户端就能实现消息的发布和订阅，我们可以先尝试一下。

在图5.5的界面中点击"设备列表"，这里能看到在SIoT中默认有一个项目ID为"DFRobot"、名称为"Seifer"的设备，如图5.7所示。

图5.7 在SIoT客户端选择"设备列表"

然后点击这个设备中的"查看消息"，如图5.8所示。

图5.8 查看设备中的消息

这里能看到当前的主题是"DFRobot/Seifer"，下面有一个发送消息的文本框和一个发送按钮。

例如，发送一个"hello"的消息和一个"100"的消息，则在界面中的变化如图5.9所示。

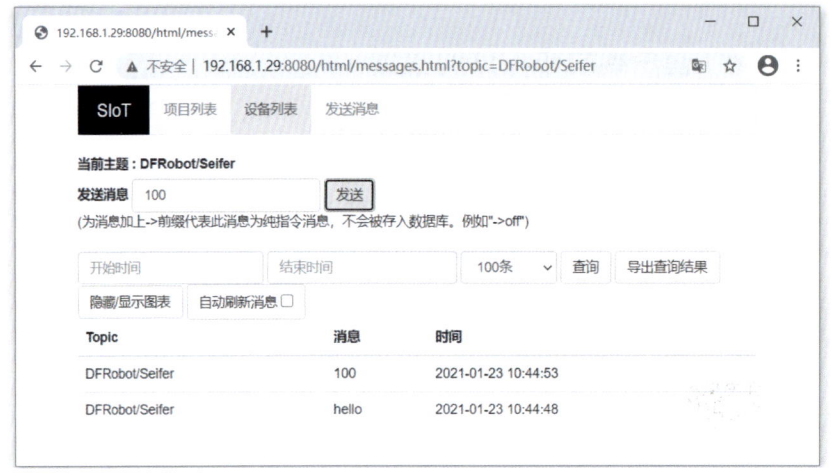

图5.9　通过SIoT客户端发送消息

这里能看到在下方的消息列表中出现了两条新的记录，这两条记录就是我们刚刚发送的消息，这是因为SIoT客户端既是主题"DFRobot/Seifer"的发送者，也是主题"DFRobot/Seifer"的订阅者。

这样实际上我们就完成了两次MQTT消息的发布和订阅。

5.3.2　基于Python发布消息

通过SIoT的客户端完成消息的发布和订阅之后，下面我们再来看看在电脑端如何基于Python实现消息的发布和订阅。

基于Python实现消息的发布和订阅需要用到第三方的paho-mqtt模块。首先切换到Python3.6的模式，然后点击界面上方右侧的"Python库管理"按钮。此时会弹出一个Python库的列表对话框，如图5.10所示。

这个对话框中列出了常用的第三方库，按照库所实现的功能又分为人工智能、数据计算、数据处理、游戏、爬虫等。这里我们不从左侧的分类列表来选择，而是采用PIP安装形式来安装paho-mqtt模块。因此，选中对话框左上角的"PIP安装"，在下方的输入框中输入"paho-mqtt"，最后点击输入框右侧的"安装"按钮。

等待一段时间之后，paho-mqtt模块就安装完成了，如图5.11所示。

5.3 消息的发布和订阅

图5.10 点击"Python库管理"按钮之后弹出一个对话框

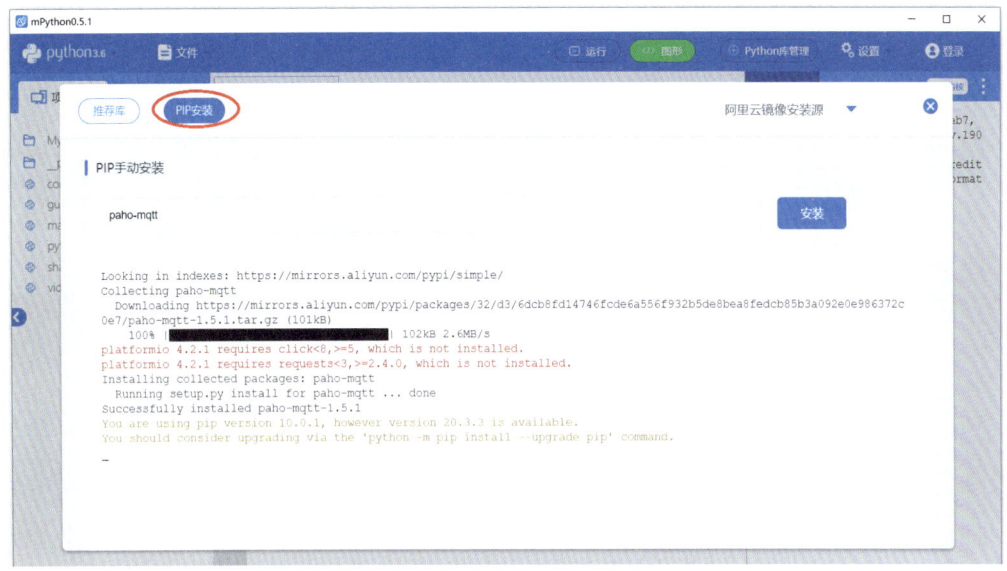

图5.11 安装paho-mqtt模块

这个模块由多个类组成，这里我们主要使用与客户端相关的Client类。类中的主要方法包括：

（1）connect()，用于连接服务器。

（2）loop()，用于保持与服务器的连接。

（3）loop_start()，用于调用一个loop()进程，对应的还有方法loop_stop()。

95

（4）loop_forever()，用于保持loop()调用。

（5）subscribe()，用于订阅主题并接收消息。

（6）publish()，用于发布消息。

（7）disconnect()，用于断开与服务器的连接。

（8）unSubscribe()，用于取消客户端的订阅。

（9）username_pw_set()，用于设置登录的用户名和密码。

接着我们在Python 3.6模式的终端（利用Python的IDLE也可以）进行如下操作：

```
>>>import paho.mqtt.client as mqtt
>>>client = mqtt.Client()
>>>client.username_pw_set('siot','dfrobot')
>>>client.connect('192.168.1.29',1883,600)
0
>>>client.publish('DFRobot/Seifer',payload = '19',qos = 0)
<paho.mqtt.client.MQTTMessageInfo object at 0x0000013A281A56D8>
>>>
```

这些操作中：

（1）第一行指令是导入paho.mqtt.client模块。

（2）第二行指令是建立一个Client类的对象。

（3）第三行指令是设置登录的用户名和密码。

（4）第四行指令是连接服务器，这条指令中有三个参数，第一个参数是服务器的地址"192.168.1.29"，第二个参数是端口号，MQTT协议端口默认为1883，第三个参数是keepalive的时间间隔，即保持连接的时间，超过这个时间就会断开与服务器的连接。

（5）第五行指令是上一条指令的返回值，0表示连接成功。如果是其他返回值，则1表示连接失败–不正确的协议版本，2表示连接失败–无效的客户端标识符，3表示连接失败–服务器不可用，4表示连接失败–错误的用户名或密码，5表示连接失败–未授权。

（6）第六行指令就是发布消息了，这里也有三个参数，第一个参数是主题，这里依然是"DFRobot/Seifer"，第二个参数是正文，第三个参数是服务

5.3 消息的发布和订阅

质量,"至多一次"对应数值0,"至少一次"对应数值1,"只有一次"对应数值2。不过SIoT只支持服务质量0。

(7)第七行指令是发布消息的返回值。

执行完这些操作之后在SIoT客户端的主题"DFRobot/Seifer"中就会看到新收到的消息。当我们更换一个主题之后,比如如下操作:

```
>>> client.connect('192.168.1.29',1883,600)
0
>>> client.publish('SmartHome/light',payload = '48',qos = 0)
<paho.mqtt.client.MQTTMessageInfo object at 0x0000013A281A56D8>
>>>
```

此时就会在SIoT客户端的设备列表中看到新的项目ID和名称,如图5.12所示。

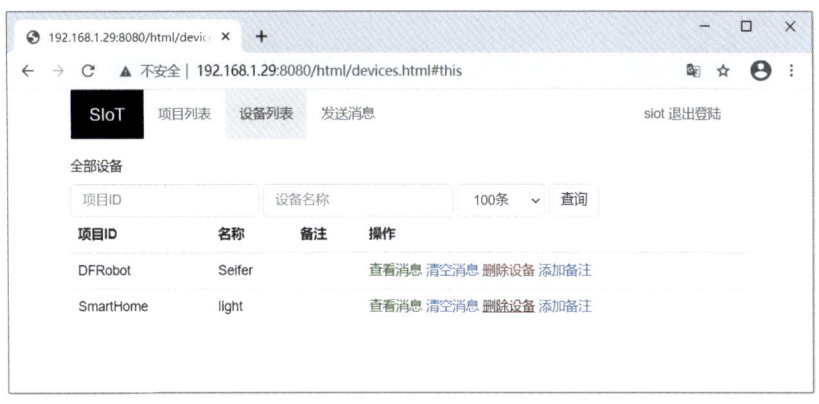

图5.12 在SIoT客户端的设备列表中出现新的项目ID和名称

5.3.3 基于Python订阅消息

实现了发送消息之后,我们再来看看如何订阅消息。相对于发布消息的`publish()`方法,订阅消息就是`subscribe()`方法。只不过订阅消息没有正文的参数。

通过`subscribe()`方法能告诉服务器我们订阅了对应主题的信息,而接收具体的信息内容则是通过回调函数实现的。实现接收订阅消息的回调函数代码如下:

```
def on_message(client,userdata,msg):
```

```
    print(msg.topic + " " + str(msg.payload))

client.on_message = on_message
```

这里先定义一个函数,然后将这个函数赋值给回调函数。

所有回调函数都有一个"`client`"参数和一个"`userdata`"参数,"`client`"是调用回调函数的客户端对象,"`userdata`"是任何类型的用户数据。而接收消息的回调函数中还有一个表示消息的"`msg`"参数。

除了接收消息有回调函数之外,还有:

(1)连接服务器的回调函数`on_connect(client,userdata,flags,rc)`,其中,`flags`是一个包含服务器响应参数的字典,`rc`表示连接是否成功。

(2)断开连接的回调函数`on_disconnect(client,userdata,rc)`。

(3)发布消息的回调函数`on_publish(client,userdata,mid)`。这个回调函数会在使用`publish()`发送消息已经传输到代理时调用。对于QoS级别为1和2的消息,意味着适当的握手已经完成。对于QoS 0,仅仅意味着消息已经离开客户端。"`mid`"变量是从相应的`publish()`调用返回的中间变量。这个回调很重要,因为即使`publish()`调用返回成功,也并不总是意味着消息已经被发送。

(4)订阅消息的回调函数`on_subscribe(client,userdata,mid,granted_qos)`。这个回调函数会在服务器响应订阅请求时调用,"`mid`"变量是从相应的`subscribe()`调用返回的中间变量,"`granted_qos`"变量是每次发送不同订阅请求Qos级别的列表。

(5)取消订阅的回调函数`on_unsubscribe(client,userdata,mid)`。这个回调函数会在服务器响应取消订阅请求时调用,"`mid`"变量是从相应的`unsubscribe()`调用返回的中间变量。

(6)日志消息的回调函数`on_log(client,userdata,level,buf)`。这个回调函数会在客户端有日志信息时调用,"`level`"变量是消息级别,包含`MQTT_LOG_INFO`,`MQTT_LOG_NOTICE`,`MQTT_LOG_WARNING`,`MQTT_LOG_ERR`,`MQTT_LOG_DEBUG`。"`buf`"变量就是日志消息本身。

如果我们希望在连接服务器时显示对应的消息,则使用回调函数的示例如下:

```
def on_connect(client,userdata,flags,rc):
  print("Connection returned " + str(rc))
client.on_connect = on_connect
```

基于以上内容我们在代码编辑区编写以下代码来实现接收订阅的消息：

```
import paho.mqtt.client as mqtt

def on_message(client,userdata,msg):
  print(msg.topic + " " + str(msg.payload))

client = mqtt.Client()
client.username_pw_set('siot','dfrobot')
client.on_message = on_message
client.connect('192.168.1.29',1883,600)

print(client.subscribe('SmartHome/light',qos = 0))
client.loop_forever()
```

运行这段代码时，由于有最后的loop_forever()方法，所以程序一直处于等待状态。此时如果在SIoT客户端选择项目ID为"SmartHome"、名称为"light"的设备，进入消息界面后发送消息（比如"on"），那么在软件的调试控制台中就会看到对应的消息：

```
SmartHome/light b'on'
```

这样我们就在电脑端基于Python实现了消息的发布和订阅。

5.4 利用掌控板发布和订阅消息

5.4.1 利用掌控板发布消息

利用掌控板发布信息和在电脑端基于Python发布消息的过程类似，也需要三步：

（1）创建类的对象。

（2）利用对象的方法连接服务器。

（3）发布信息。

第 5 章 本地物联网应用

程序方面要将掌控板作为客户端实现基于MQTT协议的通信，需要用到umqtt.simple库中的MQTTClient类。我们需要基于这个类生成一个对象，构造函数为：

```
class MQTTClient(client_id,server,port = 0,user = None,password = None,keepalive = 0)
```

参数说明见表5.1。

表5.1 `class MQTTClient(client_id,server,port = 0,user = None,password = None,keepalive = 0)`参数说明

参　数	说　明
client_id	MQTT客户端的唯一ID
server	MQTT服务器的IP地址
port	端口号
user	登录用户名
password	登录密码
keepalive	保持连接的时间

假设我们创建一个MQTT客户端对象，则代码为

```
mqtt = MQTTClient('1','192.168.1.29',1883,'siot','dfrobot',keepalive = 30)
```

这里客户端ID可以是任意的内容，不过必须是唯一的。

这个对象可以使用类的方法来实现基于MQTT协议的通信，常用方法如下：

（1）MQTTClient.set_callback(f)，用于为订阅消息设置回调函数。参数f即为回调函数f(topic,msg)，回调函数中第一个参数为主题，第二个参数为该主题的消息。

（2）MQTTClient.connect(clean_session = True)，用于连接服务器。如果此连接使用存储在服务器上的持久会话，则返回True；如果使用clean_session = True参数，则返回False（默认值）。

（3）MQTTClient.disconnect()，用于断开与服务器的连接，释放资源。

（4）MQTTClient.ping()，用于Ping服务器（响应由wait_msg()自动处理）。

（5）MQTTClient.publish(topic,msg,qos = 0)，用于发布消息。

（6）MQTTClient.subscribe(topic,qos = 0)，用于订阅消息。

（7）MQTTClient.wait_msg()，用于等待服务器消息。订阅消息将通

过set_callback()传递给回调函数,任何其他消息都将在内部处理。

(8)MQTTClient.check_msg(),用于检查服务器是否有待处理的消息。如果有,则用与wait_msg()相同的方式处理,如果没有,则立即返回。

利用MQTTClient类,掌控板实现基于MQTT协议发布信息的对应代码如下:

```python
from mpython import *
from umqtt.simple import MQTTClient

SSID = "CMCC-DENG"           #这里要换成你的网络名称,CMCC-DENG是我的网络名称
PASSWORD = "你的网络密码"                                      #你的网络密码

mywifi = wifi()
mywifi.connectWiFi(SSID,PASSWORD)

mqtt = MQTTClient('1','192.168.1.29',1883,'siot','dfrobot',keepalive = 30)

mqtt.connect()
mqtt.publish('SmartHome/light',str(light.read()))
```

这里由于需要先保证掌控板和SIoT服务器在一个网络中,因此需要先连接Wi-Fi网络。然后创建一个MQTTClient类的对象,最后就是连接服务器以及发布信息(对应的信息为掌控板所在位置的光线强度)。

由于这段代码中没有循环,所以只运行一次。代码运行完成后,在SIoT客户端的主题"SmartHome/light"中就会看到新收到的消息。

此时我们还可以直接在REPL模式下发布信息的指令,例如,

```
>>> mqtt.connect()
0
>>> mqtt.publish('SmartHome/light','20')
>>>
```

新的数据也会出现在SIoT客户端的主题"SmartHome/light"中。

如果我们希望掌控板作为节点定时发送信息,可以将发布信息的部分放在一个循环中,比如下面的代码就是每隔5s发送一次光线强度的信息。

```python
from mpython import *
from umqtt.simple import MQTTClient
```

第5章 本地物联网应用

```
SSID = "CMCC-DENG"          #这里要换成你的网络名称,CMCC-DENG是我的网络名称
PASSWORD = "你的网络密码"                                    #你的网络密码

mywifi = wifi()
mywifi.connectWiFi(SSID,PASSWORD)

mqtt = MQTTClient('1','192.168.1.29',1883,'siot','dfrobot',keepalive = 30)

while True:
  mqtt.connect()
  mqtt.publish('SmartHome/light',str(light.read()))
  sleep(5)
```

将这段代码刷入掌控板,掌控板正常启动后就会不断地向服务器发送数据。

在SIoT客户端主题的消息页面中还有一个显示图表的选项,点击这个按钮并选择后面的"自动刷新消息"之后,客户端的页面中就会出现一个数据的折线图,如图5.13所示。

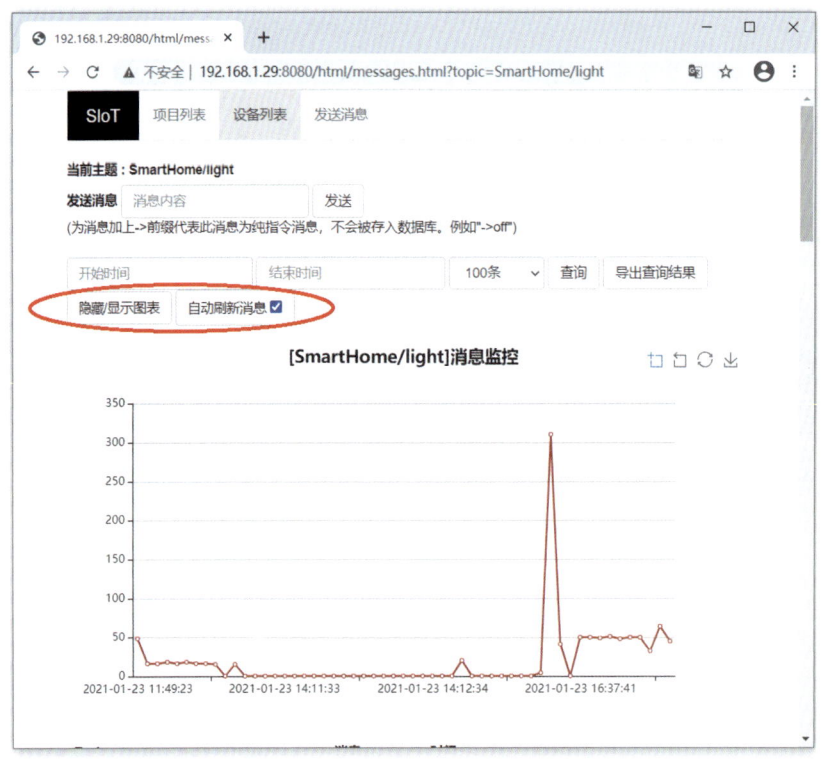

图5.13 在SIoT客户端主题的消息页面中选择显示图表

这是一个非常实用的功能，通过这个折线图能直观地看到在一段时间内数据的变化情况。

5.4.2 利用掌控板订阅及接收消息

实现了掌控板发布信息的功能之后，我们再来看看如何利用掌控板订阅及接收信息。

订阅信息也是subscribe()方法，而接收具体的信息内容依然是通过回调函数来实现。不过对于掌控板来说，只有一个回调函数可以设置，即订阅消息设置的回调函数。在订阅消息之前要设置好回调函数并连接服务器。

订阅了某个主题的信息之后，可以通过wait_msg()方法等待接收信息。对应订阅及接收信息的程序如下：

```python
from mpython import *
from umqtt.simple import MQTTClient

SSID = "CMCC-DENG"              #这里要换成你的网络名称，CMCC-DENG是我的网络名称
PASSWORD = "你的网络密码"         #你的网络密码

mywifi = wifi()
mywifi.connectWiFi(SSID,PASSWORD)

mqtt = MQTTClient('1','192.168.1.29',1883,'siot','dfrobot',keepalive = 30)

def mqtt_callback(topic,msg):
  topic = str(topic,'utf-8')
  msg = str(msg,'utf-8')
  print(topic)
  print(msg)
  if topic == 'SmartHome/light' and msg == 'on':
    rgb[0] = (255,0,0)
    rgb.write()

mqtt.set_callback(mqtt_callback)
mqtt.connect()
mqtt.subscribe('SmartHome/light')

while True:
  mqtt.wait_msg()
```

第5章 本地物联网应用

由于wait_msg()方法每次只接收一次信息，所以要将其放在一个while循环中。这里程序实现的功能是当接收到信息"on"之后让掌控板上的第一个全彩LED变为红色。

将程序刷入掌控板，等到掌控板正常启动后。在SIoT客户端主题的消息页面中发送信息"on"，就会看到掌控板的第一个全彩LED变为红色。同时在mPython软件的控制台会看到如下显示：

```
SmartHome/light
on
```

这样就实现了利用掌控板订阅及接收信息。下面我们再添加一段处理信息"off"的代码，当接收到"off"时，让掌控板的第一个全彩LED熄灭。对应代码如下：

```python
from mpython import *
from umqtt.simple import MQTTClient

SSID = "CMCC-DENG"              #这里要换成你的网络名称，CMCC-DENG是我的网络名称
PASSWORD = "你的网络密码"                                          #你的网络密码

mywifi = wifi()
mywifi.connectWiFi(SSID,PASSWORD)

mqtt = MQTTClient('1','192.168.1.29',1883,'siot','dfrobot',keepalive = 30)

def mqtt_callback(topic,msg):
    topic = str(topic,'utf-8')
    msg = msg.decode('utf-8','ignore')
    print(topic)
    print(msg)
    if topic == 'SmartHome/light' and msg == 'on':
        rgb[0] = (255,0,0)
        rgb.write()

    if topic == 'SmartHome/light' and msg == 'off':
        rgb[0] = (0,0,0)
        rgb.write()

mqtt.set_callback(mqtt_callback)
mqtt.connect()
```

```
mqtt.subscribe('SmartHome/light')

while True:
  mqtt.wait_msg()
```

类似的还可以添加其他信息处理过程，包括实现电机或舵机的控制、显示屏的显示、声音的播放等。

5.4.3 两个掌控板之间的信息交换

本节我们将用另一个掌控板来控制之前亮灯的掌控板。整个数据的流向是，首先控制用的掌控板发送SmartHome/light主题的信息给服务器，服务器接收到信息之后保存下来，同时另一块掌控板订阅了这个主题的信息，因此会获取相应的数据。得到数据之后相应地改变全彩LED的状态。

基于这个描述，控制用的掌控板程序如下：

```
from mpython import *
from umqtt.simple import MQTTClient

SSID = "CMCC-DENG"              #这里要换成你的网络名称，CMCC-DENG是我的网络名称
PASSWORD = "你的网络密码"                                     #你的网络密码

mywifi = wifi()
mywifi.connectWiFi(SSID,PASSWORD)

mqtt = MQTTClient('1','192.168.1.29',1883,'siot','dfrobot',keepalive = 30)

while True:
  if button_a.value() == 0:
    mqtt.connect()
    mqtt.publish('SmartHome/light','on')

  if button_b.value() == 0:
    mqtt.connect()
    mqtt.publish('SmartHome/light','off')
```

这里通过掌控板的按键A和按键B来控制另一块掌控板的全彩LED，对应发送的信息依然是"on"和"off"。

由本章的内容能够看出，MQTT这种机制非常灵活，所有设备都连接到服

务器，而服务器通过主题的方式管理设备间的数据，负责设备与设备之间消息的转发。

这里我们只是实现了掌控板以及电脑与服务器的连接，其实由于MQTT的开放性，我们还可以利用App Inventor 2基于SIoT实现手机端的物联网应用，以及通过OBLOQ物联网模块将Arduino也接入到SIoT的网络当中。大家如果感兴趣的话可以自己尝试一下。

第6章 网络云平台

上一章中我们通过SIoT在本地实现了一个物联网应用，通过一章的内容，我们对MQTT有了深入的了解。本章将延续MQTT的应用，我们将基于OneNET平台和乐为物联平台实现一个广域网的物联网应用。

6.1 OneNET平台

6.1.1 登录OneNET平台

OneNET是中国移动全资子公司之一的中移物联网有限公司搭建的开放、共赢的设备云平台，为各种跨平台物联网应用、行业解决方案，提供简便的云端接入、存储、计算和展现，快速打造物联网产品应用，全面有效降低开发成本。平台的网址为https://open.iot.10086.cn/，打开网页后如图6.1所示。

图6.1 OneNET平台的网站首页

在这个界面的右上角有一个登录按钮，如果我们希望使用OneNET平台的服务，那就需要注册一个OneNET平台的账号并登录。

6.1.2 添加产品

登录平台之后,选择右上角的"控制台",界面如图6.2所示。

图6.2 进入"控制台"界面

接着选择界面最左侧的"全部产品",如图6.3所示。

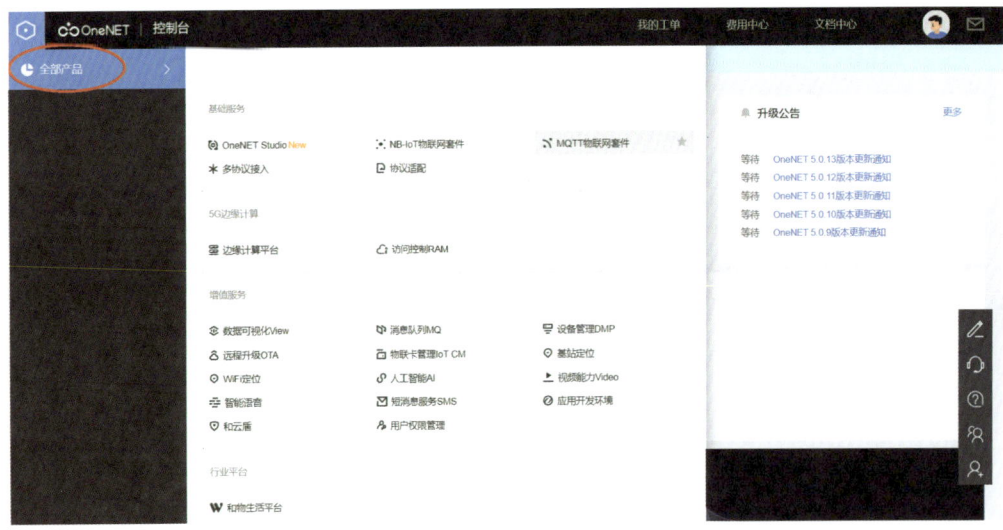

图6.3 选择界面最左侧的"全部产品"

在弹出的菜单中选择"多协议接入",这样就会进入一个目前是空白的产品管理界面,如图6.4所示。

6.1 OneNET 平台

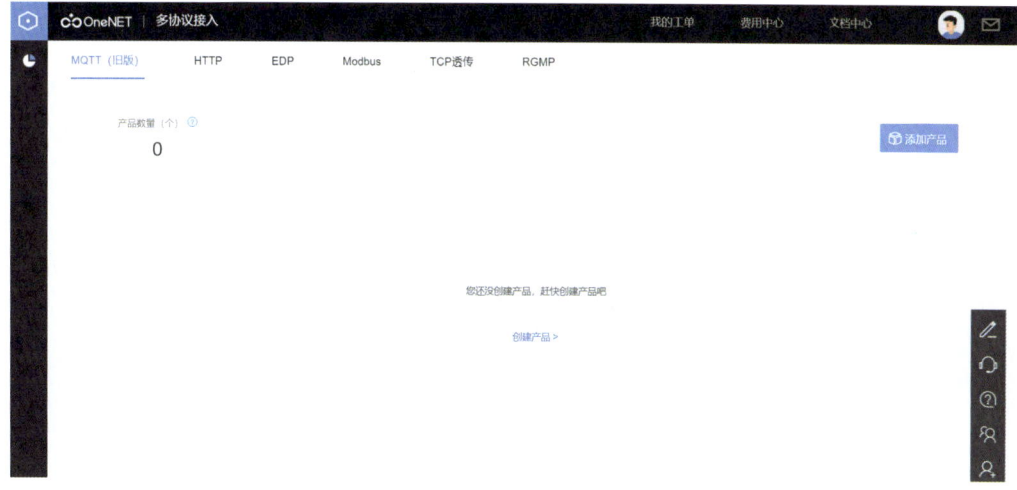

图6.4 "多协议接入"中的产品管理界面

> **说 明**
>
> 在基础服务中，还有一个"MQTT物联网套件"，这里千万注意不要选这个。"MQTT物联网套件"是基于优化之后的MQTTS协议的。

点击图6.4中的"添加产品"按钮就可以添加产品了，如图6.5所示。

图6.5 添加产品的界面

第 6 章　网络云平台

> **说　明**
>
> 注意上面的选项卡选择的一定是"MQTT（旧版）"。

这个界面中有很多选项，包括产品名称、产品行业、产品类型，等等。这些选项中带星号的是必填的。这里产品名称我写的是"SmartHome"，产品类别选择的是"插座"。在选择了联网方式等参数后，点击"确定"按钮，一个产品就添加完成了。

6.1.3　添加设备

产品添加完成后，平台会提示你添加设备。

如果不小心关掉了提示的对话框，也可以在设备列表的界面中选择"添加设备"，如图6.6所示。

图6.6　选择"添加设备"按钮

这里我们添加两个设备，一个是光线传感器，一个是发光设备。不过目前这两个设备都处于离线状态。

6.2 通过OneNET平台与掌控板交互

6.2.1 掌控板发布消息

平台的准备工作完成之后，下面就来看程序部分。

通过前面的内容我们知道，基于MQTTClient类生成一个对象需要client_id、server、port、user、password、keepalive这几个参数。这里client_id对应的是图6.6中的"设备ID"，server对应的是OneNET平台网络的公网IP"183.230.40.39"，port对应的是OneNET平台网络MQTT协议的默认端口号6002，user对应的是"产品ID"。我们可以点击"产品概况"，然后在弹出的界面中查看"产品ID"，如图6.7所示。

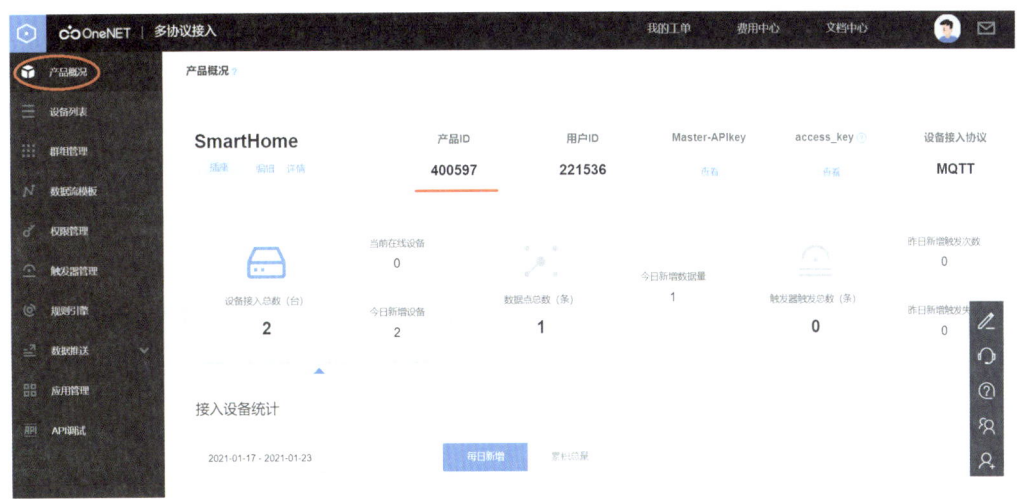

图6.7 查看"产品ID"

password要到具体设备的详情中查看，点击"设备列表"，进入图6.6所示的界面，点击一个设备的"详情"页，界面如图6.8所示。

我打开的是自己创建的名为"光线传感器"的设备，这里也能看到"设备ID"，password对应的是下面的"APIKey"。

这个"APIKey"需要自己设置，在OneNET平台上，一个设备可以拥有多个APIkey，一个APIkey也可以关联多个设备。而默认生成的Master-APIkey拥有所有设备的访问权限（见图6.7）。

第 6 章　网络云平台

图6.8　设备的"详情"页

最后keepalive的时间间隔我们设置为300。

基于以上内容创建一个MQTT客户端对象的代码如下：

```
SERVER = "183.230.40.39"
CLIENT_ID = "674669132"
username = '400597'
password = 'PTqo4FR6DS78Z102sTLnPbUlxx0 = '

mqtt = MQTTClient(CLIENT_ID,SERVER,6002,username,password,keepalive = 300)
```

创建了MQTT客户端对象之后，连接OneNET平台的代码如下：

```
from mpython import *
from umqtt.simple import MQTTClient

SSID = "CMCC-DENG"              #这里要换成你的网络名称，CMCC-DENG是我的网络名称
PASSWORD = "你的网络密码"                                       #你的网络密码

mywifi = wifi()
mywifi.connectWiFi(SSID,PASSWORD)

SERVER = "183.230.40.39"
CLIENT_ID = "674669132"
username = '400597'
password = 'PTqo4FR6DS78Z102sTLnPbUlxx0 = '

mqtt = MQTTClient(CLIENT_ID,SERVER,6002,username,password,keepalive = 300)
```

```
mqtt.connect()
```

> **说　明**
>
> 本人的数据状态设置为"公开"，所以上面这段代码大家可以直接输入以测试是否能连接到OneNET平台。

将代码刷入掌控板，当程序正常运行之后，在OneNET平台的设备列表中就能看到设备的状态变为"在线"，如图6.9所示。

图6.9　在设备列表中能看到设备的状态变为"在线"

由于这段代码中没有循环，所以程序只运行一次。当代码运行完成后，我们还可以直接在REPL模式输入指令，理论上目前可以直接输入一条发布信息的指令。不过基于OneNET平台协议的要求，发布信息的内容稍有些复杂，因此在发布信息之前，我们需要先了解一下。

按照OneNET平台的设备终端接入协议，发布数据的主题均为"$dp"，而正文需要包含数据类型、数据长度等信息。

正文的第一个字节表示数据格式类型（目前支持7种数据格式类型），约定见表6.1。

依照表6.1，如果选择类型1，那么第一个字节的值就是`1(0x01)`；而如果选择类型2，那么第一个字节的值就是`2(0x02)`。

表6.1　数据格式类型

数据格式类型	字　节							
	7位	6位	5位	4位	3位	2位	1位	0位
类型1：JSON格式字符串	0	0	0	0	0	0	0	1
类型2：二进制数据	0	0	0	0	0	0	1	0
类型3：JSON格式字符串	0	0	0	0	0	0	1	1
类型4：JSON格式字符串	0	0	0	0	0	1	0	0
类型5：自定义分隔符	0	0	0	0	0	1	0	1
类型6：带时间自定义分隔符	1/0	保留	0	0	0	1	1	0
类型7：可离散浮点数数据流	1/0	保留	0	0	0	1	1	1

说明：第6位和第7位针对需要填写时间戳的数据类型，如果填入了时间戳，则须将第7位置1，否则置0（即忽略数据类型说明中的日期、时间相关字段）

正文后面的内容根据类型的不同，要求也不同，比如对于类型1的约定说明见表6.2。

表6.2　类型1的约定说明

字节数	说　明
第1个字节	0x01
第2个字节	后面字符串长度高位字节
第3个字节	后面字符串长度低位字节

第4个字节
……
第n个字节
	对应JSON格式的数据字符串，格式为
	{
	　"datastreams":[
	{
	　"id":"temperature",
	"datapoints":[…]
	},
	{
	"id":"location",
	"datapoints":[…]
	},
	{ … }
	]
	}

说明：可以同时传递多个数据流"datastreams"，一个数据流中也可以有多个数据点"datapoints"

对于类型3的约定说明见表6.3。

再来看一下带时间的类型6的约定说明，见表6.4。

6.2 通过 OneNET 平台与掌控板交互

表6.3 类型3的约定说明

字节数	说　　明
第1个字节	0x03
第2个字节	后面字符串长度高位字节
第3个字节	后面字符串长度低位字节

第4个字节
……
第n个字节
	对应JSON格式的数据字符串，格式为
	{
	　"datastream_id1":"value1",
	　"datastream_id2":"value2",
	　…
	}

表6.4 类型6的约定说明

字节数	说　　明
第1个字节	0x06或0x86
第2个字节	年（后两位），例如2016年，则该字节为16
第3个字节	月（1～12）
第4个字节	日（1～31）
第5个字节	小时（0～23）
第6个字节	分钟（0～59）
第7个字节	秒（0～59）
第8个字节	后面字符串长度高位字节
第9个字节	后面字符串长度低位字节
第10个字节 …… 第n个字节	消息中最前面两个字节为用户自定义的域中分隔符和域间分隔符，这两个分隔符不能相同。比如，采用逗号作为域中分隔符，分号作为域间分隔符的格式如下： ,;field0;field1;…;fieldn 其中，每个field支持3种格式： ·field格式1：3个子字段，分别是数据流ID、时间戳、数据值 ·field格式2：2个子字段，分别是数据流ID和数据值，省略时间戳 ·field格式3：1个子字段，省略了数据ID和时间戳，只传输数据值，平台将用该域（field）所在的位置号（从0开始）作为数据流ID

其他4种类型我们就不具体说明了，本书中我们采用比较简单的类型3的约定。这里我们定义一个函数来对数据进行处理，对应函数如下：

```
def byteData(data):
    #data应为字典类型的数据，使用dumps()将数据序列化，变为字符串
    jsonData = json.dumps(data)
    jsonDataLen = len(jsonData)
```

第6章 网络云平台

```
#建立一个列表,列表的长度比字符串的长度多3
arr = bytearray(jsonDataLen + 3)
arr[0] = 3
#类型3

#后面字符串长度高位字节
arr[1] = int(jsonDataLen/256)
#后面字符串长度低位字节
arr[2] = jsonDataLen  % 256
#将字符串加到列表的后面
arr[3:] = jsonData .encode('ascii')

return arr
```

这个函数会将参数的字典类型的数据通过dumps()序列化变为JSON格式的字符串,然后在字符串前面加上三个字节(数据格式类型以及数据长度)变为一个列表。

函数完成之后,我们设定定时向平台发送信息,比如还是每隔5s发送一次光线强度的信息,则代码如下:

```
from mpython import *
from umqtt.simple import MQTTClient
import json

SSID = "CMCC-DENG"              #这里要换成你的网络名称,CMCC-DENG是我的网络名称
PASSWORD = "你的网络密码"                                        #你的网络密码

mywifi = wifi()
mywifi.connectWiFi(SSID,PASSWORD)

SERVER = "183.230.40.39"
CLIENT_ID = "674669132"
username = '400597'
password = 'PTqo4FR6DS78Z102sTLnPbUlxx0 = '

def byteData(data):
    #data应为字典类型的数据,使用dumps()将数据序列化,变为字符串
    jsonData = json.dumps(data)
    jsonDataLen = len(jsonData)
    #建立一个列表,列表的长度比字符串的长度多3
    arr = bytearray(jsonDataLen + 3)
    arr[0] = 3                                                  #类型3
```

```python
    #后面字符串长度高位字节
    arr[1] = int(jsonDataLen/256)
    #后面字符串长度低位字节
    arr[2] = jsonDataLen % 256
    #将字符串加到列表的后面
    arr[3:] = jsonData .encode('ascii')
    return arr

mqtt = MQTTClient(CLIENT_ID,SERVER,6002,username,password,keepalive = 300)
mqtt.connect()

while True:
    mqtt.publish('$dp',byteData({'LIGHT':light.read()}))
    sleep(5)
```

将这段代码刷入掌控板，掌控板正常启动后就会不断地向服务器发送数据。

此时我们在设备详情的页面中选择"数据流展示"，对应地就能看到"设备数据总数"在不断增加，如图6.10所示。

图6.10 设备详情的"数据流展示"界面

同时在这个界面中，还会看到有一个名字为"LIGHT"的标签，这就是我们发送过来的数据。依照OneNET平台的设备终端接入协议，一条信息可以包含多个数据（比如还有环境温度、湿度等数据），这些数据以JSON的数据格式表示，即"标签+数据"的形式。标签会显示在界面的下方，由于这里我们只发送了一个数据，而数据的标签为"LIGHT"，因此这里只有一个"LIGHT"标签。点击这个标签也会出现一个数据的折线图，如图6.11所示。

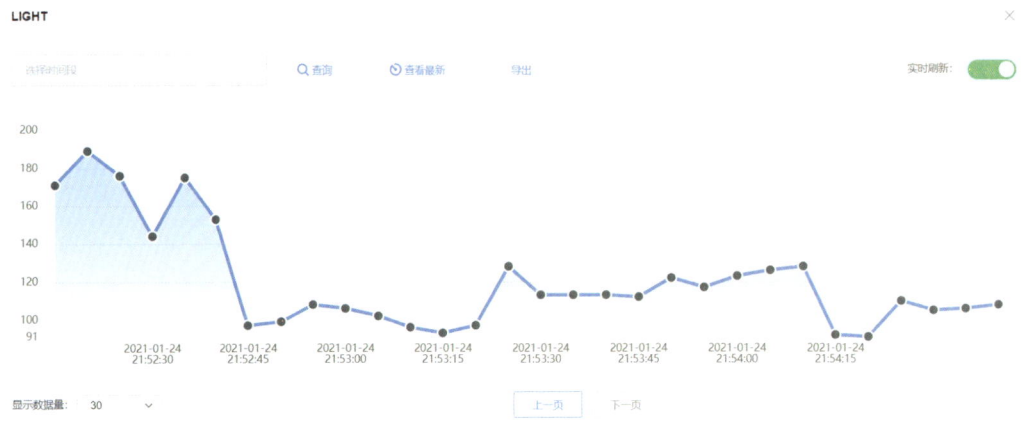

图6.11　在"数据流展示"界面中显示的折线图

6.2.2　掌控板接收信息

与之前的操作流程一样，我们在实现了掌控板发布信息的功能之后，再来看看掌控板如何接收信息。

这里不需要执行订阅信息的操作，直接完成并设置好接收信息的回调函数即可，对应的程序如下：

```
from mpython import *
from umqtt.simple import MQTTClient

SSID = "CMCC-DENG"              #这里要换成你的网络名称，CMCC-DENG是我的网络名称
PASSWORD = "你的网络密码"                                           #你的网络密码

mywifi = wifi()
mywifi.connectWiFi(SSID,PASSWORD)

SERVER = "183.230.40.39"
CLIENT_ID = "674674595"
username = '400597'
password = 'e6KlpGRMav1CZdHd = yfY6CSXkwM = '

def mqtt_callback(topic,msg):
```

```
    topic = str(topic,'utf-8')
    msg = str(msg,'utf-8')
    print(topic)
    print(msg)

mqtt = MQTTClient(CLIENT_ID,SERVER,6002,username,password,keepalive = 300)

mqtt.set_callback(mqtt_callback)
mqtt.connect()

while True:
    mqtt.wait_msg()
```

这里我们换了一块掌控板（不换也可以），同时对应在OneNET平台上换了一个设备（换成了之前创建的发光设备），因此这里的设备ID也换了。设置好回调函数之后，在程序中最后通过wait_msg()方法等待接收信息。在这个回调函数中，我们只输出显示对应的主题和正文。

将程序刷入掌控板，掌控板正常启动后。我们在设备详情页面中选择"下发命令"，然后输入文本"on"，如图6.12所示。

图6.12 在设备详情中下发命令

点击"发送"按钮之后，就会在mPython软件的控制台看到如下信息：

```
$creq/9ad8995c-590d-5836-8f29-89ae24c6c851
on
```

这里我们只需要处理收到的信息即可。如果还是收到"on"让掌控板的第一个全彩LED发红光，收到"off"让全彩LED熄灭，则对应代码如下：

```python
from mpython import *
from umqtt.simple import MQTTClient

SSID = "CMCC-DENG"            #这里要换成你的网络名称，CMCC-DENG是我的网络名称
PASSWORD = "你的网络密码"                                    #你的网络密码

mywifi = wifi()
mywifi.connectWiFi(SSID,PASSWORD)

SERVER = "183.230.40.39"
CLIENT_ID = "674674595"
username = '400597'
password = 'e6KlpGRMav1CZdHd = yfY6CSXkwM = '

def mqtt_callback(topic,msg):
  topic = str(topic,'utf-8')
  msg = str(msg,'utf-8')
  print(topic)
  print(msg)

  if msg == 'on':
    rgb[0] = (255,0,0)
    rgb.write()

  if msg == 'off':
    rgb[0] = (0,0,0)
    rgb.write()

mqtt = MQTTClient(CLIENT_ID,SERVER,6002,username,password,keepalive = 300)

mqtt.set_callback(mqtt_callback)
mqtt.connect()

while True:
  mqtt.wait_msg()
```

6.2.3 定时器

对于上一节中这样受控的设备（不会定时发送数据给平台），通常每隔一

段时间,都需要给服务器发送一个消息,以保持连接。

如果时间较短,那么可以通过一个用来计数的变量实现定时发送消息。如果时间较长,则通常都是使用定时器。

定时器就像一个闹钟,它会在设定的时候启动,以提醒我们要执行什么操作。比如这里设定每隔一段时间就给服务器发送一个消息,以保持连接。

要使用定时器需要用到machine库中的Timer类,导入这个类的代码如下:

```
from machine import Timer
```

这个类定义了在一定时间段内执行回调函数的操作。我们需要基于这个类生成一个对象,构造函数为:

```
class Timer(id)
```

其中,参数id为给计时器对象设定的id。

假设我们创建一个定时器的对象,则代码为:

```
tim1 = Timer(1)
```

这个对象可以使用类的方法来操作定时器,常用的方法如下所示:

(1)Timer.init(mode = Timer.PERIODIC,period = -1,callback = None),用于初始化定时器,参数说明见表6.5。

表6.5 Timer.init(mode = Timer.PERIODIC,period = -1,callback = None)参数说明

参　数	说　明
mode	定时器模式,参数有以下可选项: • Timer.ONE_SHOT,定时器运行一次 • Timer.PERIODIC,定时器以设置的频率定期运行
period	定时器执行的周期,单位是ms 取值范围:0 < period ≤ 3435973836
callback	定时器的回调函数

(2)Timer.value(),用于获取并返回定时器当前计数值。

(3)Timer.deinit(),用于取消定时器的初始化。

利用Timer类,掌控板实现定时给服务器发送一个消息的代码如下(基于上一节中最后的代码):

```
from mpython import *
```

```python
from umqtt.simple import MQTTClient
from machine import Timer


SSID = "CMCC-DENG"              #这里要换成你的网络名称，CMCC-DENG是我的网络名称
PASSWORD = "你的网络密码"                                          #你的网络密码

mywifi = wifi()
mywifi.connectWiFi(SSID,PASSWORD)

SERVER = "183.230.40.39"
CLIENT_ID = "674674595"
username = '400597'
password = 'e6KlpGRMav1CZdHd = yfY6CSXkwM = '

def mqtt_callback(topic,msg):
  topic = str(topic,'utf-8')
  msg = str(msg,'utf-8')
  print(topic)
  print(msg)

  if msg == 'on':
    rgb[0] = (255,0,0)
    rgb.write()

  if msg == 'off':
    rgb[0] = (0,0,0)
    rgb.write()

def tim_callback(n):
  mqtt.ping()


mqtt = MQTTClient(CLIENT_ID,SERVER,6002,username,password,keepalive = 300)

mqtt.set_callback(mqtt_callback)
mqtt.connect()

tim1 = Timer(1)                                                   #创建定时器1
tim1.init(period = 30000,mode = Timer.PERIODIC,callback = tim_callback)

while True:
  mqtt.wait_msg()
```

这样我们的设备就会一直保持在线的状态了。

6.2.4 设置触发器

OneNET平台还有一个功能——触发器。触发器的主要功能就是对数据流进行监控。当数据流的数据符合触发器条件时，触发器可以通过短信、邮件、URL地址的推送方式向用户发送信息。

单个触发器可以同时监控多个设备（创建时仅能关联单个设备，成功创建触发器后才可以关联更多设备），但只能监控一种数据流，且该数据流必须是被监控设备所共有的。

要设定触发器需要切换到"触发器管理"界面，如图6.13所示。

图6.13　"触发器管理"界面

在这个界面中点击"添加触发器"则会弹出对应的对话框，如图6.14所示。

这里可以设定触发的数据流、触发的条件等参数，以及设定接收条件的方式。

图6.14 "添加触发器"对话框

6.3 乐为物联平台

乐为物联平台的功能和OneNET平台基本一致，平台的网址为http://www.lewei50.com/。如果我们希望使用乐为物联平台的服务，也需要注册一个账号并登录。账号需要在邮箱里进行激活，所以需要输入你的常用邮箱。登录之后界面如图6.15所示。

图6.15 登录乐为物联平台

6.3.1 添加设备

在乐为物联平台上，对于节点设备的称呼不是"产品"和"设备"，而是"设备"和"传感器与控制器"（见图6.15左侧的菜单），因此，登录之后我们要先添加设备。

在图6.15的界面中点击右侧的"添加新设备"选项卡（该选项卡位于左侧"我的设备"菜单项中），界面如图6.16所示。

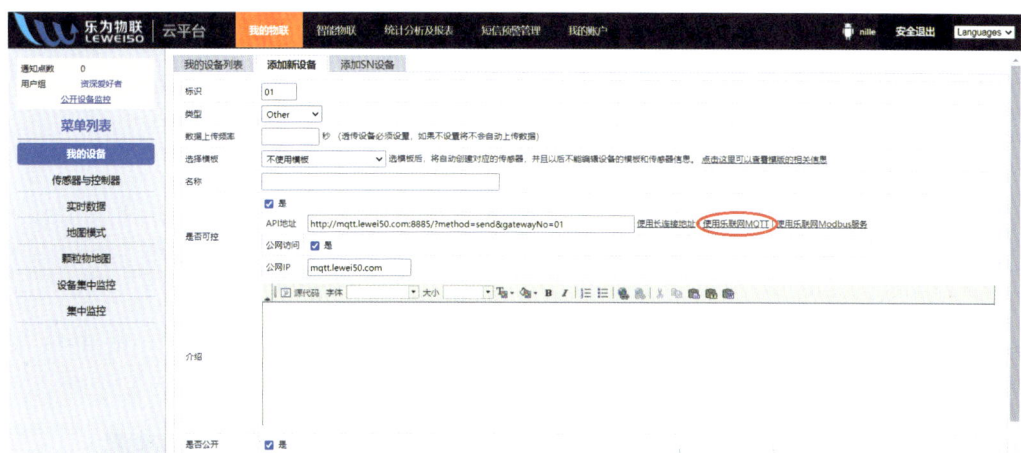

图6.16 "添加新设备"的界面

在这个界面中有如下主要的设备内容：

（1）标识：系统自动分配给设备的标识，按01,02……自动排序。

（2）类型：根据设备采取的不同硬件，设备被分为四种类型：Arduino、DTU、lw-board和other，这里选择other。

（3）名称：该设备的名称，我们将其命名为SmartHome。

（4）是否可控：如果要反向控制设备，则勾选"是"。注意这里要选择"使用乐联网MQTT"。

（5）介绍：这里可以输入对于设备的简单文字介绍。

（6）是否公开：如果公开设备，则其他用户能在乐联网公开设备地图上看到设备信息（设备名称及设备介绍）。

确定了这些信息之后，点击最下方的"保存"按钮就能创建一个设备。

6.3.2 添加传感器

添加设备之后，需要添加设备下面的传感器和控制器。点击"传感器与控制器"，界面如图6.17所示。

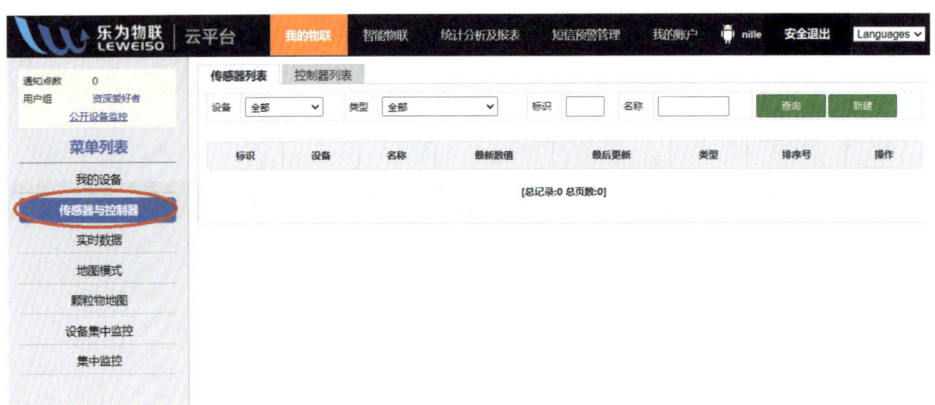

图6.17 "传感器与控制器"的界面

在这个界面中可以添加传感器和控制器，默认选项卡为传感器。点击右上角绿色的"新建"按钮新建传感器，界面如图6.18所示。

图6.18 新建传感器的界面

在这个界面中有如下主要的传感器参数：

（1）标识：传感器的缩写，字母和数字的组合，这里我输入的是"L1"。

（2）类型：可以在下拉菜单中选择不同的传感器类型，区别是不同类型的数值单位不一样，如温度是℃，浓度是%，等等，这里我选的是"光照度"，但之后发送的数据单位肯定不是LUX，不过这里保持单位不变。

（3）单位：与类型相关联，如果"类型"中选择"其他类型"，则这里需要手动输入单位。

（4）设备：从下拉菜单选择该传感器连接的设备，这里只有一个我们刚刚新建的设备名称SmartHome。

（5）名称：传感器名称，这里我输入的是"LIGHT"。

（6）数值转换：可以校准传感器，最终的保存数值 = 上传数值×系数+偏移，如果传感器没有系数和偏移值，则可以留空。

（7）图片：可以上传传感器的照片，公开后在乐联网公开设备地图中就可以看到。

（8）正常值范围：可以设置数据的正常值范围。

（9）超过范围告警：勾选，则测量数值不在正常值范围时会自动短信告警。

（10）发送间隔：当前传感器的最小保存时间，发送频率仅作为判断传感器在线的衡量标准，如果服务器在发送频率设置的时间内没有收到数据，则显示该传感器不在线。

（11）介绍：传感器的备注信息。

（12）发送超时报警：传感器超时（超过发送频率设置的时间）不发送数据有短信告警。

（13）自动发微博：可以绑定新浪微博，自动推送微博。

（14）排序号：相同设备按数字大小排序，不同设备按设备排序号优先排序。

确定了这些信息之后，点击最下方的"保存"按钮就能添加一个传感器。

6.3.3 添加控制器

添加完传感器之后，我们再来添加一个控制器。点击"传感器与控制器"

菜单中的"控制器列表"选项卡，然后同样点击右上角"新建"按钮，出现"新建控制器"界面，如图6.19所示。

图6.19　"新建控制器"界面

在这个界面中有如下主要的控制器参数：

（1）标识：控制器的缩写，字母和数字的组合，这里我输入的是"D1"。

（2）名称：控制器名称，这里我输入的是"LED"。

（3）设备：从下拉菜单选择该控制器连接的设备，这里只有一个我们刚刚新建的设备名称SmartHome。

（4）类型：可以选择"开关型"和"数值型"，"开关型"以"0"和"1"的方式来控制设备的开关，而"数值型"则会根据不同的数值来调整设备的状态。这里我选择的是"开关型"。

（5）最小值："数值型"控制时的最小数值。

（6）最大值："数值型"控制时的最大数值。

（7）数值转换：对于"数值型"控制器可以校准发送的数据，最终发送的数值＝上传数值×系数+偏移。

（8）排序号：相同设备按数字大小排序，不同设备按设备排序号优先排序。

确定了这些信息之后，点击最下方的"保存"按钮就能添加一个控制器。

6.4 通过乐为物联平台与掌控板交互

6.4.1 掌控板发布信息

平台的准备工作完成之后，下面来看程序部分。同样先实现掌控板发布信息，具体编程之前我们有两步准备工作要进行。

第一步，确定`client_id`、`server`、`port`、`user`、`password`、`keepalive`这几个参数。

`client_id`对应用户的UserKey加上下划线"_"再加上设备的标识，设备标识这里为01（见图6.16），而UserKey需要到个人信息中查看，具体位置在"我的账户"选项卡中"设置个人信息"，如图6.20所示。

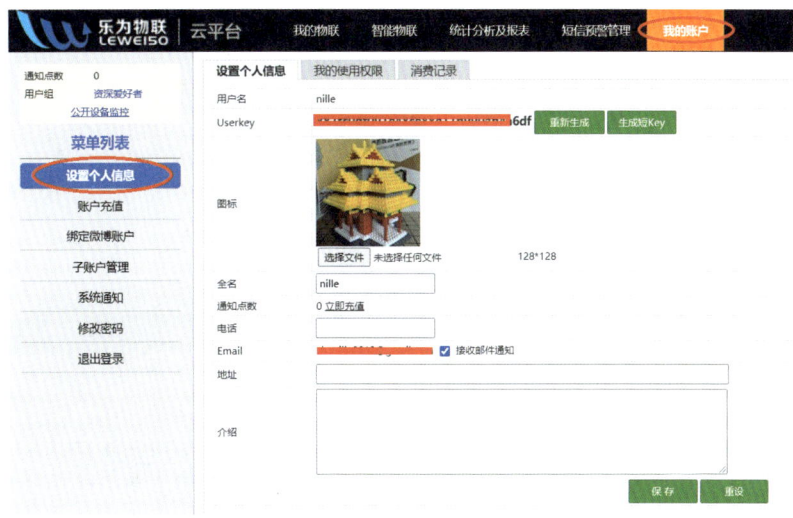

图6.20 查看用户的UserKey

假设UserKey为123456789，那么这里`client_id`就是`123456789_01`。

接下来`server`为`mqtt.lewei50.com`，`port`为`1883`。而`user`和`password`对于连接乐为物联平台来说可以是任意内容，这里我输入的都是"nille"。

最后`keepalive`的时间间隔设置为300。

基于以上内容创建一个MQTT客户端对象的代码如下：

```
SERVER = "101.37.20.246"
```

```
CLIENT_ID = "xxxxxxxxxxxxxxxxxa6df_01"
#xxxxxxxxxxxxxxxxxa6df要换成你的UserKey
username = 'nille'
password = 'nille'

mqtt = MQTTClient(CLIENT_ID,SERVER,1883,username,password,keepalive = 300)
```

第二步，确定发布信息的格式。先说主题，乐为物联平台只允许发布或者订阅/lw/*/Client_Id方式的主题，具体如下：

（1）/lw/u/clientid，上传数据。

（2）/lw/c/clientid，控制命令。

（3）/lw/r/clientid，返回控制结果。

而对于正文来说，乐为物联平台要求正文内容为字典组成的列表，具体格式如下：

```
[
  {
    "Name":"T1",
    "Value":"1"
  },
  {
    "Name":"T2",
    "Value":"96.2"
  }
]
```

这里我们也定义一个函数来对数据进行处理，对应函数如下：

```
def byteData(data):
    #将使用dumps()将data序列化，变为字符串
    jsonData = json.dumps(data)
    jsonDataLen = len(jsonData)
    #建立一个列表
    arr = bytearray(jsonDataLen)
    arr = jsonData.encode('ascii')
    return arr
```

这个函数会将参数的数据通过dumps()序列化变为字符串，然后再将字符串变为一个列表。

函数完成之后我们依然设定每隔5s向平台发送一次光线强度的信息，代码如下：

```
from umqtt.simple import MQTTClient
import json

SSID = "CMCC-DENG"            #这里要换成你的网络名称，CMCC-DENG是我的网络名称
PASSWORD = "你的网络密码"                                    #你的网络密码

mywifi = wifi()
mywifi.connectWiFi(SSID,PASSWORD)

SERVER = "mqtt.lewei50.com"
CLIENT_ID = "xxxxxxxxxxxxxxxxa6df_01"
#xxxxxxxxxxxxxxxxa6df要换成你的UserKey
username = 'nille'
password = 'nille'

def byteData(data):
    #将使用dumps()将data序列化，变为字符串
    jsonData = json.dumps(data)
    jsonDataLen = len(jsonData)
    #建立一个列表
    arr = bytearray(jsonDataLen)
    arr = jsonData.encode('ascii')
    return arr

mqtt = MQTTClient(CLIENT_ID,SERVER,1883,username,password,keepalive = 300)
mqtt.connect()

while True:
    mqtt.publish('/lw/u/'+CLIENT_ID,
                 byteData([
                 {'name':'L1','value':str(light.read())}
                 ]))
    sleep(5)
```

注意：这里发布信息的主题为'/lw/u/'+CLIENT_ID，即由"/lw/u/"和CLIENT_ID组成的字符串，而发送的正文是一个只有一个字典元素的列表，字典中关键字"name"的值为L1（因为在6.3.2节中添加传感器的标识为L1），关键字"value"的值为掌控板所在环境的光线强度。

将这段代码刷入掌控板，掌控板正常启动后就会不断地向服务器发送数据。

此时我们进入"实时数据"页面，就能看到对应这个传感器的一条数据不断变化的曲线，如图6.21所示。

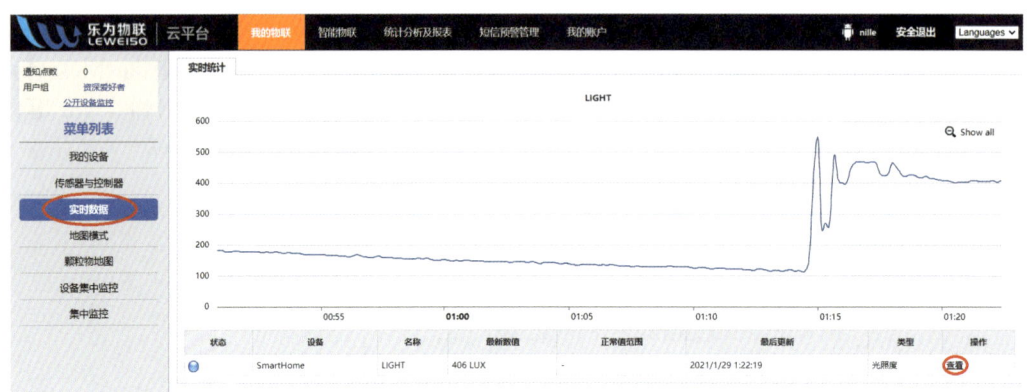

图6.21　在"实时数据"页面中显示的折线图

> **说　明**
>
> 　　如果发布了多条信息，则在折线图下方是一个传感器的列表，通过选择列表项能查看不同传感器的值。

6.4.2　掌控板订阅及接收信息

实现了掌控板发布信息之后，我们再来看看掌控板如何订阅及接收信息。按照乐为物联平台的要求，订阅控制指令的主题是/lw/c/clientid。我们可以先看一下订阅之后会收到什么内容，对应的程序如下：

```
from mpython import *
from umqtt.simple import MQTTClient

SSID = "CMCC-DENG"          #这里要换成你的网络名称，CMCC-DENG是我的网络名称
PASSWORD = "你的网络密码"                                    #你的网络密码

mywifi = wifi()
mywifi.connectWiFi(SSID,PASSWORD)

SERVER = "101.37.20.246"
```

6.4 通过乐为物联平台与掌控板交互

```
CLIENT_ID = "xxxxxxxxxxxxxxxxxa6df_01"
#xxxxxxxxxxxxxxxxxa6df要换成你的UserKey
username = 'nille'
password = 'nille'

def mqtt_callback(topic,msg):
    topic = str(topic,'utf-8')
    msg = str(msg,'utf-8')
    print(topic)
    print(msg)

mqtt = MQTTClient(CLIENT_ID,SERVER,1883,username,password,keepalive = 300)

mqtt.set_callback(mqtt_callback)
mqtt.connect()
mqtt.subscribe('/lw/c/'+CLIENT_ID)

while True:
    mqtt.wait_msg()
```

将程序刷入掌控板，掌控板正常启动后，进入乐为物联平台"传感器与控制器"菜单的"控制器列表"选项卡，此时在mPython软件的控制台就会看到如下信息：

```
/lw/c/xxxxxxxxxxxxxxxxxa6df_01
{"f":"getAllSensors"}
```

信息的第一行是我们订阅的主题，第二行是服务器发送的消息，这里的消息是一个JSON格式的字符串"{"f":"getAllSensors"}"。

接着点击控制器D1中的"切换"按钮，如图6.22所示。

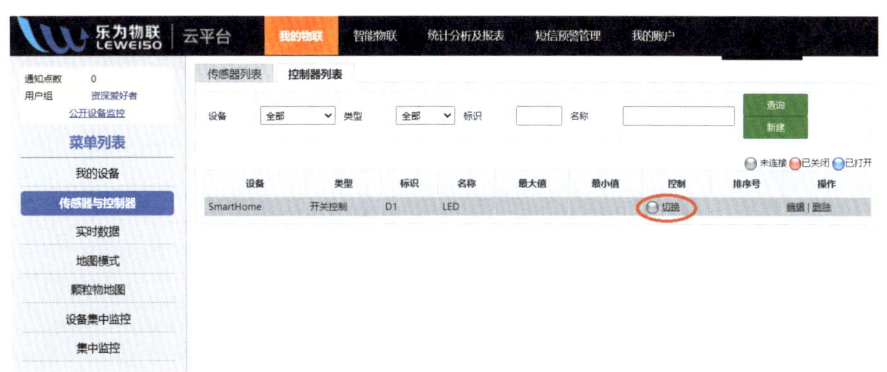

图6.22 点击控制器D1中的"切换"按钮

这时在网页中会弹出一个对话框，如图6.23所示。

图6.23 乐为物联平台上弹出的对话框

我们先来解决对话框的问题。之所以出现对话框是因为掌控板在收到平台发布的消息以后没有正确回复（这个回复是乐为物联平台要求的，如果是其他控制设备，则可以不发布回复信息）。程序中我们没有进一步操作，正确的处理逻辑为：

（1）建立连接后，订阅主题/lw/c/clientid以接收控制命令。命令为JSON格式的字符串{f:"方法名",p1:"xxx",p2:"xxx",p3:"xxx",p4:"xxx",p5:"xxx"}，其中，除了f以外其他参数（p1、p2、p3、p4、p5）都是可选项，可以根据实际需求增加。

（2）收到命令后执行相应操作，操作完成之后，返回执行命令的结果，并发布信息。信息主题为/lw/r/clientid，信息正文格式为：

```
{
 "successful":true,
 "message":"successful",
 "data":[
 {
  "id":"C1",
  "value":"1"
 },
 {
  "id":"C2",
  "value":"2"
 }
 ]
}
```

其中，data根据实际情况返回。

依照这个返回数据的格式，先返回一个控制器D1的状态，对应代码如下：

```
from mpython import *
from umqtt.simple import MQTTClient
import json
```

```python
from machine import Timer

SSID = "CMCC-DENG"            #这里要换成你的网络名称，CMCC-DENG是我的网络名称
PASSWORD = "你的网络密码"                                        #你的网络密码

mywifi = wifi()
mywifi.connectWiFi(SSID,PASSWORD)

SERVER = "mqtt.lewei50.com"
CLIENT_ID = "xxxxxxxxxxxxxxxxxa6df_01"
#xxxxxxxxxxxxxxxxxa6df要换成你的UserKey
username = 'nille'
password = 'nille'

def byteData(data):
  #将使用dumps()将data序列化，变为字符串
  jsonData = json.dumps(data)
  jsonDataLen = len(jsonData)
  #建立一个列表
  arr = bytearray(jsonDataLen)
  arr = jsonData.encode('ascii')
  return arr

def mqtt_callback(topic,msg):
  topic = str(topic,'utf-8')
  msg = json.loads(str(msg,'utf-8'))
  print(topic)
  print(msg)
  mqtt.publish('/lw/r/'+CLIENT_ID,
    byteData({
      "successful":True,
      "message":"successful",
      'data':[
        {'id':'D1','value':'1'}
      ]
    }))

def tim_callback(n):
  mqtt.publish('/lw/u/'+CLIENT_ID,
    byteData([
      {'name':'L1','value':str(light.read())}
    ]))
```

```
mqtt = MQTTClient(CLIENT_ID,SERVER,1883,username,password,keepalive = 300)
mqtt.set_callback(mqtt_callback)
mqtt.connect()
mqtt.subscribe('/lw/c/'+CLIENT_ID)

tim1 = Timer(1)                                                   #创建定时器1
tim1.init(period = 10000,mode = Timer.PERIODIC,callback = tim_callback)

while True:
  mqtt.wait_msg()
```

这里返回的数据data中只有一个元素，即控制器D1的状态，这个状态值目前为固定的“1”。将更新后的程序刷入掌控板，等到掌控板正常启动后，再次进入乐为物联平台“传感器与控制器”菜单的“控制器列表”选项卡，此时就会看到控制器D1后面的状态图标变成蓝色，表示设备已打开，如图6.24所示。

未连接 已关闭 已打开

设备	类型	标识	名称	最大值	最小值	控制	排序号	操作
SmartHome	开关控制	D1	LED			切换		编辑 | 删除

图6.24　控制器的状态变成了“已打开”

当我们再次点击控制器D1中的“切换”按钮时，在mPython软件的控制台中出现的信息如下：

```
/lw/c/xxxxxxxxxxxxxxxxxa6df_01
{'p1':'D1','p2':'0','f':'updateSensor'}
```

信息的第一行依然是我们订阅的主题，第二行是新的消息，这个消息是由“D1”“0”和“'updateSensor'”这三个元素组成的，意思是将控制器D1的状态变为0。此时我们反馈的data中控制器D1的状态也应该改为“0”。

为了能够记住以及反馈控制器D1的实际状态，我们在程序中设置了一个变量D1state。依据这个变量我们再来控制掌控板的第一个全彩LED是发红光还是熄灭，则对应代码如下：

```
from mpython import *
from umqtt.simple import MQTTClient
import json
from machine import Timer
```

6.4 通过乐为物联平台与掌控板交互

```python
SSID = "CMCC-DENG"         #这里要换成你的网络名称，CMCC-DENG是我的网络名称
PASSWORD = "你的密码"                                        #你的网络密码

mywifi = wifi()
mywifi.connectWiFi(SSID,PASSWORD)

SERVER = "mqtt.lewei50.com"
CLIENT_ID = "xxxxxxxxxxxxxxxxxa6df_01"
#xxxxxxxxxxxxxxxxxa6df要换成你的UserKey
username = 'nille'
password = 'nille'

D1state = "0"

mqtt = MQTTClient(CLIENT_ID,SERVER,1883,username,password,keepalive = 300)

def byteData(data):
    #将使用dumps()将data序列化，变为字符串
    jsonData = json.dumps(data)
    jsonDataLen = len(jsonData)
    #建立一个列表
    arr = bytearray(jsonDataLen)
    arr = jsonData.encode('ascii')
    return arr

def mqtt_callback(topic,msg):
    global D1state
    topic = str(topic,'utf-8')
    msg = json.loads(str(msg,'utf-8'))
    print(topic)
    print(msg)

    if msg['f'] == 'updateSensor':
        D1state = msg['p2']              #如果有多个控制器还需要判断控制器的标识
        if D1state == '1':
            rgb[0] = (255,0,0)
        else:
            rgb[0] = (0,0,0)
        rgb.write()

    mqtt.publish('/lw/r/'+CLIENT_ID,
                 byteData({
                 "successful":True,
```

```python
                "message":"successful",
                'data':[
                    {'id':'D1','value':D1state}
                ]
            }))

def tim_callback(n):
    mqtt.publish('/lw/u/'+CLIENT_ID,
                byteData([
                    {'name':'L1','value':str(light.read())}
                ]))

mqtt.set_callback(mqtt_callback)
mqtt.connect()
mqtt.subscribe('/lw/c/'+CLIENT_ID)

tim1 = Timer(1)                                                         #创建定时器1
tim1.init(period = 10000,mode = Timer.PERIODIC,callback = tim_callback)

while True:
    mqtt.wait_msg()
```

至此，在乐为物联平台上实现掌控板订阅及接收信息的示例就完成了。将更新后的程序刷入掌控板，等到掌控板正常启动后，再次进入乐为物联平台"传感器与控制器"菜单的"控制器列表"选项卡，此时当我们点击"切换"按钮时，控制器D1后面的状态图标就会在蓝色和红色之间切换，同时掌控板上的第一个全彩LED也会在发红光和熄灭之间切换。

这里我对信息的处理比较简单，实际上应该先判断关键字"f"（即功能，比如之前"updateSensor"是一个功能，"getAllSensors"是另外一个功能），因为不同的功能参数是不同的，同时反馈也可能是不同的。判断功能之后再判断参数，根据参数来执行对应的操作。

6.4.3 智能物联

乐为物联平台相对于OneNET平台的优势就是它除了具有基本的触发器功能之外，还有多种处理数据的方式。比如检测设备上线离线、定时发送数据到邮箱或微博、设定执行计划、短信微信报警、数据的查询及分析、传感器数据对比、自定义微信命令等。

6.4 通过乐为物联平台与掌控板交互

要使用这些功能，需要切换到"智能物联"选项卡，如图6.25所示。

图6.25 "智能物联"选项卡

其中比较实用的有：

（1）自动发送设置。图6.25所示就是自动发送设置，可以设定时间来发送邮件、微博。

（2）执行计划设置。用于制定设备周期性工作计划。

（3）触发器。对数据流及设备状态进行监控。

（4）自定义微信命令。用于设定通过微信发送什么命令可以控制设备，这个功能我们在下一章会单独介绍。

第7章 基于微信交互

OneNET平台、乐为物联平台以及其他物联网平台除了支持MQTT的协议之外，还支持很多接口，通过这些接口我们能利用现有的一些平台服务实现掌控板与微信的交互。比如盛思的微信小程序就能够和OneNET平台实现对接，而乐为物联平台本身的公众号也是和它的网站打通的。本章我们将分别利用盛思和乐为物联平台提供的服务，通过OneNET平台和乐为物联平台与掌控板物联。

7.1 手机端小程序设置

先来看盛思提供的小程序"掌控板物联网"。

7.1.1 打开微信并登录小程序

操作的第一步先打开微信，然后在微信中搜索"掌控板物联网"小程序，小程序打开后如图7.1所示。

图7.1 进入"掌控板物联网"小程序

可以选择"微信用户一键登录"，登录之后如图7.2所示。

7.1 手机端小程序设置

图7.2 登录"掌控板物联网"小程序

> **说　明**
>
> 小程序会申请使用我们的手机号码。

7.1.2　添加掌控板

图7.2的界面会提示你还没有添加掌控板，此时可以点击"添加掌控板"按钮，界面如图7.3所示。

图7.3 "添加掌控板"的界面

这里需要我们自己填写掌控板的名称以及掌控板的Mac地址。名称是我们对于要添加的掌控板的称呼，大家可以根据自己的喜好给要添加的掌控板"起"个名字，这里我的掌控板名称是"掌控Python"。

Mac地址就在掌控板正面OLED显示屏的右下角位置，如图7.4所示。

将这个地址输入到小程序中，然后点击"添加"按钮就可以将掌控板添加到小程序中，如图7.5所示。

此时添加的掌控板显示的状态为"离线"。

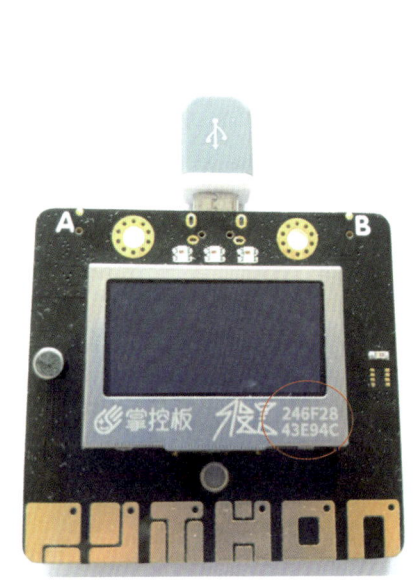

图7.4　在掌控板正面显示的Mac地址　　　图7.5　添加了掌控板的界面

7.1.3　添加应用

添加完掌控板之后下一步是添加应用。

点击图7.5中对应掌控板的"配置"按钮，界面如图7.6所示。

配置掌控板主要是为其添加应用，目前我们还没有应用，因此，需要先点击"添加应用"按钮来增加一个应用。

"添加应用"的界面如图7.7所示。

在"掌控板物联网"小程序的应用中，可以添加很多组件，包括按钮、滑块、开关、输入框、折线图等，这些组件有些是可以与硬件交互的，有些是反

7.1 手机端小程序设置

图7.6　配置掌控板　　　　图7.7　"添加应用"的界面

映掌控板数据变化的。当添加一个应用的时候，默认包含开关、按钮、滑块、步进器、输入框、折线图这6个组件，这里我们先只保留按钮这一个组件，然后输入一个应用名称，这里本人输入的名称为"SmartHome"，如图7.8所示。

图7.8　简化后的添加应用界面

> **说　明**
>
> 删除组件的操作是长按住组件，在弹出的对话框中选择"删除"。

143

点击"确定"之后,"SmartHome"应用就添加完成。至此,手机端小程序的设置工作就算阶段性完成了,下面来看看如何将掌控板和小程序关联起来。

7.2 小程序与掌控板交互

7.2.1 登录mPython

"掌控板物联网"小程序之所以能够与掌控板交互,实际上还是通过OneNET平台,7.1节的操作实际上可以理解为"掌控板物联网"小程序"帮助"我们在OneNET平台添加了一个设备,同时小程序能够获取这个设备的数据并反映到小程序中。小程序控制掌控板的过程如图7.9所示。

第一步,手机端通过小程序发送信息到OneNET平台。

第二步,OneNET平台将信息以MQTT形式发送给掌控板。

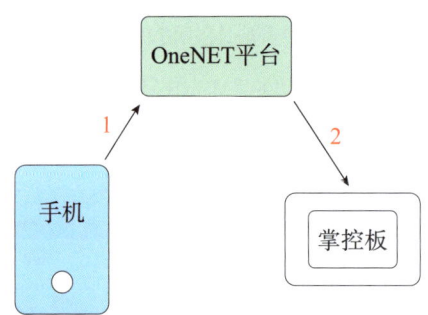

图7.9 小程序控制掌控板的过程

基于上述原理,为了实现小程序与掌控板的交互,我们需要知道小程序"帮助"我们添加的设备具体的"设备ID""产品ID"以及"APIKey"。

为此我们需要登录mPython软件,操作如图7.10所示。

点击软件界面右上角的"登录"按钮,在弹出的对话框中输入刚才在微信小程序上登录的手机号码,密码默认是123456(修改密码需要在盛思的网站上进行)。

登录之后软件右上角的登录按钮就会变成用户头像。此时将软件切换到"图形化"的编程形式,在左侧图形化程序块的选项中选择"高级"-"微信小程序",如图7.11所示。

7.2 小程序与掌控板交互

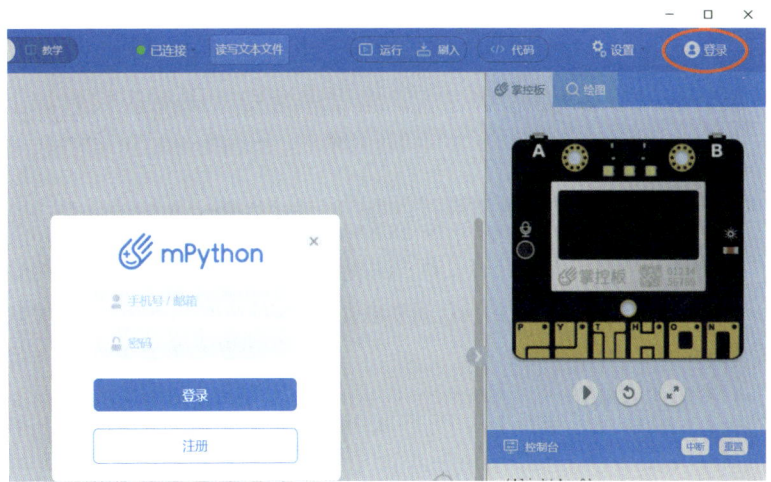

图7.10 登录mPython软件

这里在"小程序设置"程序块中展示的就是对应的"设备ID""产品ID"以及"APIKey"。

图7.11 选择"微信小程序"中的程序块

145

7.2.2 通过小程序控制掌控板

将上一小节的几个参数带入6.2.3节的程序当中,则对应代码如下:

```python
from mpython import *
from umqtt.simple import MQTTClient
from machine import Timer

SSID = "CMCC-DENG"            #这里要换成你的网络名称,CMCC-DENG是我的网络名称
PASSWORD = "你的网络密码"                                              #你的网络密码

mywifi = wifi()
mywifi.connectWiFi(SSID,PASSWORD)


SERVER = "183.230.40.39"
CLIENT_ID = "674874420"
username = '221628'
password = ' = tJPcRnKNgski = sTPI7 = tXozPzI = '

def mqtt_callback(topic,msg):
  topic = str(topic,'utf-8')
  msg = str(msg,'utf-8')
  print(topic)
  print(msg)

  if msg == 'on':
    rgb[0] = (255,0,0)
    rgb.write()

  if msg == 'off':
    rgb[0] = (0,0,0)
    rgb.write()

def tim_callback(n):
  mqtt.ping()

mqtt = MQTTClient(CLIENT_ID,SERVER,6002,username,password,keepalive = 300)

mqtt.set_callback(mqtt_callback)
mqtt.connect()

tim1 = Timer(1)                                                      #创建定时器1
tim1.init(period = 30000,mode = Timer.PERIODIC,callback = tim_
```

```
callback)

while True:
  mqtt.wait_msg()
```

将这段代码刷入掌控板，待掌控板正常运行并连接Wi-Fi之后，我们就能看到手机端微信小程序中添加的掌控板状态变为"在线"，如图7.12所示。

在手机端点击"配置"按钮，在对应的界面中确保关联了我们添加的应用（应用后面有个蓝色的对勾），如图7.13所示。

图7.12　小程序中掌控板变成了在线状态　　图7.13　确保掌控板关联了应用

接着再回到图7.12的界面，点击所添加掌控板的空白区域（字符"在线"与"掌控Python"之间的区域），就会进入一个应用的交互界面，如图7.14所示。

图7.14　所添加应用的交互界面

目前这个界面比较空，这是因为之前在添加应用的时候我们只保留了一个开关，所以现在只在最中间有一个开关，开关上还有一个写着data0的标签。

> **说　明**
>
> 在应用的交互界面中，看到的组件是可以拖动的，大家可以拖动组件将其放到你喜欢的位置。如果确定了界面的布局，那么可以点击界面右上角的"保存"按钮，这样组件就变成不可拖动的了。

确定了组件的位置之后,我们用手指点击这个开关,开关会在"开"和"关"之间切换(显示为蓝色和灰色两种状态),同时在mPython界面的控制台中还会出现如下信息:

```
$creq/5ccad699-934c-56b5-bfe4-aa30af943579
{"name":"data0","value":1}
$creq/b63f1671-6f01-5eb1-a651-3839c75f511c
{"name":"data0","value":0}
```

显示这些信息是因为我们在程序中设定了print收到信息的标题和正文,而这里"$"号开头的一串字符就是对应MQTT协议的标题,下面大括号中的内容就是MQTT协议的正文(这个格式说明在上一章中已经介绍过了)。

正文的内容包括组件的名称以及组件的值,这里组件的名称就是data0(图7.13中组件上方显示的标签),而组件的值对应开是1,关是0。

组件的名称和对应的值都可以在微信小程序中修改。我们回到微信小程序,点击主界面下方的"我的应用",如图7.15所示。

在这里就能看到之前创建的应用"SmartHome"(在这个小程序中有两处可以添加应用,一个是这里,另一个在配置掌控板的界面,见图7.12),点击这个应用则又打开图7.8所示的应用编辑界面。这次我们点击这个开关组件,进入组件的设置界面,如图7.16所示。

图7.15　在微信小程序中点击主界面下方的"我的应用"

图7.16　组件的设置界面

在这个界面能够设置组件的名称以及对应的值，对应组件"开关"有"开"的值和"关"的值。这里我们暂时维持这几个值不变，还是先回到掌控板的程序部分。看看掌控板如何处理收到的数值。

通过控制台中显示的消息能够知道，正文的消息是一个JSON格式的数据，因此，可以先利用loads()方法反序列化将数据转换成字典，然后再对应读出关键字的值并加以判断即可，对应的代码如下：

```python
from mpython import *
from umqtt.simple import MQTTClient
from machine import Timer
import json

SSID = "CMCC-DENG"           #这里要换成你的网络名称，CMCC-DENG是我的网络名称
PASSWORD = "你的网络密码"                              #你的网络密码

mywifi = wifi()
mywifi.connectWiFi(SSID,PASSWORD)

SERVER = "183.230.40.39"
CLIENT_ID = "674874420"
username = '221628'
password = ' = tJPcRnKNgski = sTPI7 = tXozPzI = '

def mqtt_callback(topic,msg):
    topic = str(topic,'utf-8')
    msg = str(msg,'utf-8')
    print(topic)
    print(msg)

    recMsg = json.loads(msg)
    if recMsg['name'] == 'data0' and recMsg['value'] == 1:
        rgb[0] = (255,0,0)
        rgb.write()

    if recMsg['name'] == 'data0' and recMsg['value'] == 0:
        rgb[0] = (0,0,0)
        rgb.write()

def tim_callback(n):
    mqtt.ping()
```

```
mqtt = MQTTClient(CLIENT_ID,SERVER,6002,username,password,keepalive = 300)

mqtt.set_callback(mqtt_callback)
mqtt.connect()

tim1 = Timer(1)                                                      #创建定时器1
tim1.init(period = 30000,mode = Timer.PERIODIC,callback = tim_callback)

while True:
  mqtt.wait_msg()
```

这里我们同时比较了关键字为"name"和关键字为"value"的值，这样就能通过小程序中的开关来控制掌控板上第一个全彩LED了。

7.2.3 接收掌控板的信息并显示在小程序中

能够通过小程序控制掌控板之后，我们再来尝试让掌控板发送信息给小程序，这个过程如图7.17所示。

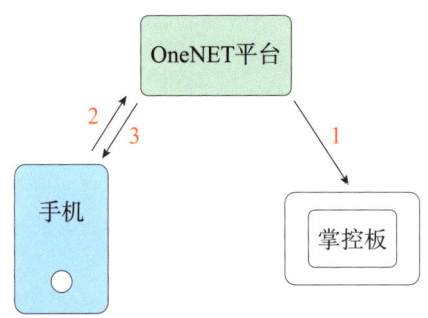

图7.17 掌控板发送信息给小程序的过程

第一步，掌控板发送数据给OneNET平台。

第二步，手机端的小程序请求获取OneNET平台上最新的数据。

第三步，OneNET平台将最新数据发送给小程序。

由于掌控板发送数据给OneNET平台的格式及形式之前已经介绍过了，所以这里直接将6.2.1节中最后的程序融合进来即可，完成后代码如下：

```
from mpython import *
from umqtt.simple import MQTTClient
from machine import Timer
import json
```

7.2 小程序与掌控板交互

```
SSID = "CMCC-DENG"              #这里要换成你的网络名称，CMCC-DENG是我的网络名称
PASSWORD = "你的网络密码"                              #你的网络密码

mywifi = wifi()
mywifi.connectWiFi(SSID,PASSWORD)


SERVER = "183.230.40.39"
CLIENT_ID = "674874420"
username = '221628'
password = ' = tJPcRnKNgski = sTPI7 = tXozPzI = '

def byteData(data):
    #data应为字典类型的数据，使用dumps()将数据序列化，变为字符串
    jsonData = json.dumps(data)
    jsonDataLen = len(jsonData)
    #建立一个列表，列表的长度比字符串的长度多3
    arr = bytearray(jsonDataLen + 3)
    arr[0] = 3                                              #类型3

    #后面字符串长度高位字节
    arr[1] = int(jsonDataLen/256)
    #后面字符串长度低位字节
    arr[2] = jsonDataLen % 256
    #将字符串加到列表的后面
    arr[3:] = jsonData .encode('ascii')
    return arr

def mqtt_callback(topic,msg):
    topic = str(topic,'utf-8')
    msg = str(msg,'utf-8')
    print(topic)
    print(msg)

    recMsg = json.loads(msg)
    if recMsg['name'] == 'data0' and recMsg['value'] == 1:
        rgb[0] = (255,0,0)
        rgb.write()

    if recMsg['name'] == 'data0' and recMsg['value'] == 0:
        rgb[0] = (0,0,0)
        rgb.write()

def tim1_callback(n):
```

第 7 章 基于微信交互

```
    mqtt.ping()

def tim2_callback(n):
    mqtt.publish('$dp',byteData({'LIGHT':light.read()}))

mqtt = MQTTClient(CLIENT_ID,SERVER,6002,username,password,keepalive = 300)

mqtt.set_callback(mqtt_callback)
mqtt.connect()

tim1 = Timer(1)                                              #创建定时器1
tim1.init(period = 30000,mode = Timer.PERIODIC,callback = tim1_callback)
tim2 = Timer(2)
tim2.init(period = 5000,mode = Timer.PERIODIC,callback = tim2_callback)

while True:
    mqtt.wait_msg()
```

这段代码中我们没有在while循环通过延时发送信息，而是通过新增一个定时器tim2来实现每隔5s发送一次信息，定时器的参数period等于5000，即5000ms（5s），参数callback为tim2_callback，对应回调函数tim2_callback()，回调函数的内容就是将字典{'LIGHT':light.read()}的信息发送出来，注意这里字典中的关键字为"LIGHT"。

将这段代码刷入掌控板，掌控板正常启动后就会不断地向服务器发送数据。

为了能够在小程序端看到这些数据，我们要在应用中添加一个折线图的组件。在小程序"我的应用"中点击应用"SmartHome"，然后选择"添加组件"。在组件中选择"折线图"，完成后如图7.18所示。

注意：这里"折线图"组件的名称要改为"LIGHT"（因为我们发送的信息中字典的关键字为"LIGHT"），如图7.19所示。

这样当我们再次回到应用的交互界面时，就会看到掌控板发送过来的数据，如图7.20所示。

至此，我们就实现了微信小程序与掌控板的交互，控制方面，通过小程序界面中的按钮能够控制掌控板上第一个全彩LED；数据显示方面，能够将掌控板上传感器的值通过折线图显示出来。这里我们只使用了两种组件，其他组件大家可以自己尝试一下。

图7.18　添加一个折线图的组件　　　　图7.19　将组件名称改为"LIGHT"

图7.20　在应用的交互界面展示数据

7.3　微信公众号

了解了盛思提供的小程序"掌控板物联网"的功能之后，我们再来了解一下乐为物联平台的公众号。

> **说　明**
>
> 本节内容基于6.4.2节最后的掌控板程序，不需要再单独编写程序。

7.3.1 关注公众号

打开微信，搜索"lewei50"或者"乐为物联"，找到对应公众号之后关注。之后你会在公众号中收到一个消息，提示你点击一个链接来绑定乐为物联账号。点击链接打开的界面如图7.21所示。

图7.21 绑定乐为物联账号的界面

在这里输入你登录乐为物联平台的用户名和密码，点击"确认绑定"完成账号绑定。

账号绑定之后，可以点击微信界面左下方的"我的物联网"（见图7.22）打开"我的物联网设备"界面，如图7.23所示。

图7.22 在微信公众号界面左下方的"我的物联网"

7.3 微信公众号

图7.23 "我的物联网设备"界面

这里就相当于一个乐为物联平台的手机客户端，我们能查询到设备的实时数据，查询数据的变化曲线，如图7.24、图7.25所示，也能够控制设备工作。

由于本节的内容基于6.3节的设定，所以这里只看到一个名为SmartHome的设备，且设备中只有一个传感器和一个控制器。

图7.24 查询设备的列表

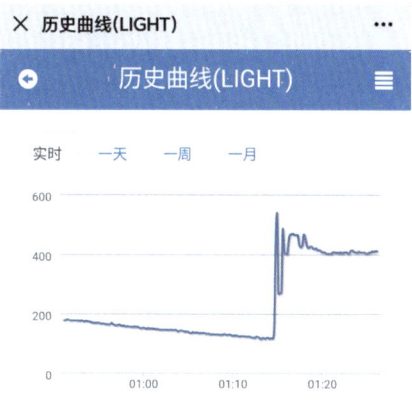

图7.25 查询数据的变化曲线

7.3.2 通用命令操作

除了在"我的物联网"界面中了解设备的状态，在公众号中还可以用聊天的方式控制设备。乐为物联提供了一些通用的命令供用户使用。

第 7 章　基于微信交互

在公众号中切换到发送消息的聊天状态（点击图7.22中左下角类似键盘的图标），然后输入"h"即可看到通用的命令，如图7.26所示。

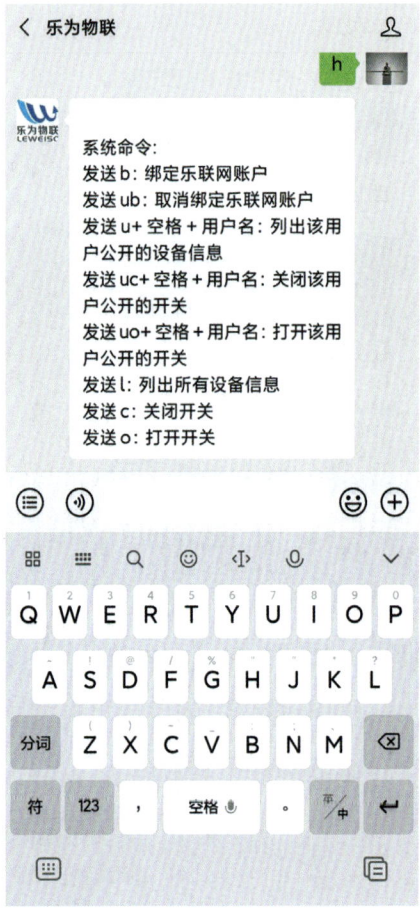

图7.26　以聊天的方式控制设备

比如这里发送"o"或者"uo nille"都能够让掌控板上第一个全彩LED变为红色，而发送"c"或者"uc nille"都能够让掌控板上的全彩LED熄灭。

7.3.3　自定义微信命令

除了这些通用的命令之外，我们还可以自定义微信命令。

实现方法是在图6.25的"智能物联"选项卡下点击"自定义微信命令"，然后选择"添加自定义命令"，如图7.27所示。

7.3 微信公众号

图7.27 "自定义微信命令"的界面

在这个界面中有如下主要的参数：

（1）标识：自定义的微信命令，这里可以输入中文，不过要求命令唯一且不能与通用命令（b，u，uc，uo，l，c，o，h）重复。

（2）介绍：对于该命令的说明。

（3）执行控制命令单元：如果自定义的是执行命令，此处勾选"是"，并在下拉框里面选择该命令控制的具体内容，如果之前没有添加"控制命令"，可以点击右边"管理执行单元"先进行添加。

（4）执行查询内容：如果自定义的是查询命令，此处勾选"是"，并在下拉菜单里选择该命令查询的具体内容，如果之前没有添加"查询命令"，可以点击右边"自定义发送内容"先进行添加。

这里我们自定义一个执行命令来控制掌控板上第一个LED点亮（执行命令的功能也需要掌控板中的软件支持，因为目前我们只实现了一个点亮全彩LED，所以这里的执行命令依然是点亮全彩LED），对应的标识内容输入"点亮LED"（标识内容大家可以自己定义）。同时勾选执行控制命令单元后面的"是"。

由于我们目前还没有添加"控制命令"，所以先要切换到"控制命令管理"中的"添加执行命令"界面，如图7.28所示。

在这个界面中有如下主要的参数：

（1）标题：该执行命令的名称，这里依然可以输入中文，不过为了和之前自定义微信命令有所区别，这里标题为"on"。

图7.28 "添加执行命令"界面

（2）设备：选择可控设备。

（3）方法名：即执行的是什么命令。这里可以选择"更新控制器（Updatesensor）""向串口写入数据"以及"自定义方法"。

（4）参数：参考6.4.2节的内容，这里要输入对应的参数，比如我们是要设置控制器D1的状态为1，则这里输入的内容就是"D1,1"（注意这里的逗号是英文字符下的逗号）。而如果要设置控制器D1的状态为0，则这里输入的内容就是"D1,0"。

内容添加完成之后，点击"保存"按钮。然后再回到"自定义微信命令"的界面，点击"执行控制命令"单元参数右边的"管理执行单元"，进入"添加执行单元"的界面，如图7.29所示。

图7.29 "添加执行单元"界面

这里还是要为执行单元取个名字，为了和之前设置的名称区分开，这次我输入的是"点亮"。然后在下面的命令中就会看到我们刚刚添加的"执行命令"（如果添加了多条"执行命令"，那么这里就会有很多"执行命令"可选）。选择对应的"执行命令"（目前只有一个选择）然后保存即可。

接下来又回到"自定义微信命令"的界面，这个时候在"执行控制命令"单元参数右边的下拉菜单中就多了一个"点亮"的可选项，如图7.30所示。

这个可选项就是我们刚刚添加的执行单元（同样的，如果我们有很多执行单元，那么这些执行单元都会出现在下拉菜单中）。选择好之后点击"保存"按钮，一个自定义的微信命令就实现了，如图7.31所示。

图7.30　在自定义微信命令中指定控制命令

图7.31　新增的自定义微信命令

此时如果我们直接在公众号的聊天状态下发送信息"点亮LED"，也能让掌控板上第一个全彩LED变为红色，如图7.32所示。

图7.32　自定义的微信命令

另外，此时在公众号"我的物联网设备"的界面中（见图7.23）点击"我的命令"也能看到新增了一个"点亮LED"的按钮，如图7.33所示。

图7.33　在"我的命令"中新增了一个"点亮LED"的按钮

第8章 智慧花联网

本书最后的综合项目我给它起名叫"智慧花联网",实现的功能是通过物联网技术将家中各个房间种的花"联"起来,能够检测各个房间的环境温度、湿度,土壤的湿度,光照强度,并能够通过继电器控制加湿器工作(同理也可控制水阀浇水)。本章将从整体架构到每个节点的实现详细介绍项目的开发过程,可以看成对本书之前内容的一个总结。

8.1 项目概述

"智慧花联网"项目的基本框架如图8.1所示。

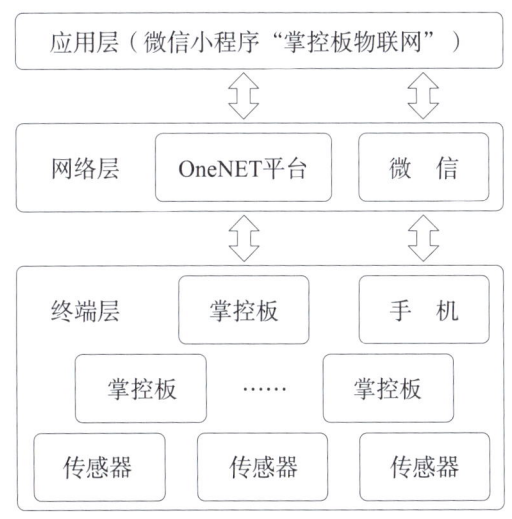

图8.1 "智慧花联网"项目基本框架

8.1.1 终端层

终端层是这个项目中最重的,包括多块掌控板、各种传感器,以及用于和用户交互的手机。

我计划家中每个房间都有一块掌控板作为节点,测量房间内花盆的环境温度、湿度,土壤的湿度,光照强度,因此,相应地都要连接温湿度传感器和土壤湿度传感器(掌控板自带光线强度传感器)。

第 8 章　智慧花联网

这些掌控板并不是直接通过路由器连接OneNET平台的。整个终端层只有一个掌控板连接OneNET平台，其他掌控板的数据都要汇集在这块掌控板（在本书剩下的内容中称之为主掌控板）上，由主掌控板统一将数据发送到OneNET平台。

至于手机连接微信则是通过手机本身的微信客户端程序。

8.1.2　网络层

本项目中，在成功获取了传感器的信息并将信息汇集之后，就会由主掌控板将数据发送到OneNET平台，而手机小程序中的操作数据则会发送到微信的服务器端。

8.1.3　应用层

最后在应用层，本项目也是利用了现有的产品，通过小程序脚本将微信小程序与OneNET平台对接起来。虽然本书的内容在应用层方面很少，实操也基本没有，但其实在应用层的工作很多，复杂的操作实际上可以基于OneNET平台的开放接口单独编写数据处理程序来对数据进行分析和挖掘，以及设计更好的数据展示效果。

8.2　传感器使用

了解了项目的整体情况之后，本节开始着手实现这个"智慧花联网"项目。第一步从最底层的传感器使用开始。

由于掌控板上集成的光线传感器在之前的章节中多次用到，所以这里只介绍温湿度传感器和土壤湿度传感器。

8.2.1　DHT11数字温湿度传感器

DHT11数字温湿度传感器（见图8.2）是一款含有已校准数字信号输出的复合传感器，它使用专用的数字模块采集技术和温湿度传感技术，确保产品具有极高的可靠性和稳定性。传感器包括一个电阻式感湿元件和一个NTC测温元件，并与一个高性能8位单片机相连接。因此，该产品具有感应精度高、响应速度快、抗干扰能力强、性价比高等优点。

图8.2　DHT11数字温湿度传感器

DHT11数字温湿度传感器和掌控板连接需要借助掌控扩展板（见3.4.7节），掌控扩展板上DHT11可使用的引脚有P0、P1、P8、P9、P13、P14、P15、P16，这里我们将传感器连接到P0引脚。连接后如图8.3所示。

图8.3　将温湿度传感器连接到掌控扩展板上

连接的时候要注意传感器模块上的VCC要连接到红色的插针上，GND要连接到黑色的插针上，而信号线要连接到标有P0的黄色插针上。

程序方面，要读取DHT11数字温湿度传感器的值可以利用dht库。这个库中有一个DHT11的类，导入DHT11类的代码为：

```
from dht import DHT11
```

我们可以基于这个类生成一个对象。构造函数为：

```
class DHT11.DHT11(pin)
```

参数pin表示掌控板定义的引脚。

假设我们对应引脚P0创建一个对象，对象名为myDht，则代码为：

```
myDht = DHT11(Pin(Pin.P0))
```

这个对象可以使用类的measure()方法来测量温湿度的值，测量完成之后可以分别使用temperature()方法和humidity()方法获得温度值和湿度值。如果我们要实现一个获取DHT11数字温湿度传感器的值并将温湿度的值显示在掌控板显示屏上的功能，则对应的代码如下：

```
from mpython import *
from dht import DHT11

myDht = DHT11(Pin(Pin.P0))

while True:
  myDht.measure()

  oled.fill(0)
  oled.DispChar("环境温度:"+str(myDht .temperature()),0,10)
  oled.DispChar("空气湿度:"+str(myDht .humidity()),0,30)
  oled.show()

  sleep(1)
```

运行这段程序会每隔1s测量一次温湿度的值，并在显示屏上显示对应的测量值，显示效果如图8.4所示。

8.2 传感器使用

图8.4　在显示屏上显示温湿度值

8.2.2　土壤湿度传感器

能够正常使用DHT11温湿度传感器之后，我们再来看看如何使用土壤湿度传感器。

本人使用的土壤湿度传感器如图8.5所示。

图8.5　土壤湿度传感器

这是一种简易的可检测土壤水分的传感器，当土壤缺水时，传感器输出值将减小，反之将增大，传感器表面做了镀金处理，延长了其使用寿命。

由于土壤湿度传感器输出的值是模拟量，因此，连接时须连接到掌控板有模拟输入功能的引脚上。这里我将其连接到P1引脚，连接后如图8.6所示。

165

图8.6　连接土壤湿度传感器

程序方面直接读取传感器输出的模拟量即可，对应的代码如下（基于测量温湿度的代码）：

```
from mpython import *
from dht import DHT11

myDht = DHT11(Pin(Pin.P0))

P1 = MPythonPin(1,PinMode.ANALOG)

while True:
    
    myDht.measure()
    value = P1.read_analog()
    
    oled.fill(0)
    oled.DispChar("环境温度:"+str(myDht .temperature()),0,10)
    oled.DispChar("空气湿度:"+str(myDht .humidity()),0,30)
    oled.DispChar("土壤湿度:"+str(int(value)),0,50)
    oled.show()
    
    sleep(1)
```

显示的时候我们只显示模拟量的整数部分，因此，多加了一个int()函数。显示效果如图8.7所示。

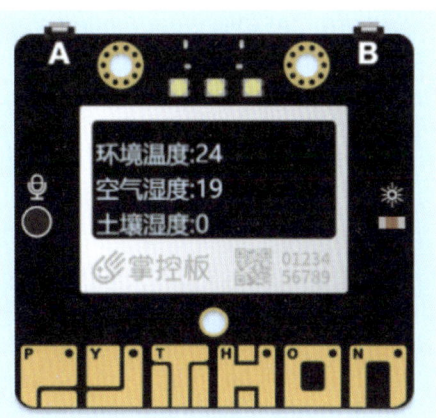

图8.7 增加显示土壤湿度

由于本人目前还没有将土壤湿度传感器插到土壤中，因此这里显示的值为0；如果将其插到花盆中，正常的值应该在2000～3000。

8.2.3 节点程序设计

介绍了温湿度传感器和土壤湿度传感器之后，本节来完成单个房间节点的程序设计。

单个节点要测量房间内花盆的环境温度、湿度，土壤的湿度，光照强度，并显示在显示屏上，简单实现的话在上一节的程序上增加测量光线强度的代码即可。不过由于之后所有掌控板之间是会进行通信的，所以这里要利用定时器来完成测量和显示工作，对应代码如下：

```python
from mpython import *
from dht import DHT11
from machine import Timer

myDht = DHT11(Pin(Pin.P0))

P1 = MPythonPin(1,PinMode.ANALOG)

def tim1_callback(n):
  myDht.measure()
  value = P1.read_analog()
```

```
    oled.fill(0)

    oled.DispChar("环境温度:"+str(myDht .temperature()),0,0)
    oled.DispChar("空气湿度:"+str(myDht .humidity()),0,15)
    oled.DispChar("土壤湿度:"+str(int(value)),0,30)
    oled.DispChar("光线强度:"+str(light.read()),0,45)

    oled.show()

tim1 = Timer(1)                                              #创建定时器1
tim1.init(period = 1000,mode = Timer.PERIODIC,callback = tim1_callback)

while True:
    pass
```

至此,节点的测量工作就完成了,此时加上供电的电池其实就可以当作一个小型设备配在花盆边上,效果如图8.8所示。

图8.8 测量花盆环境的掌控板

单个节点的硬件清单如下:

(1)电池盒及电池。

(2)掌控板。

(3)掌控扩展板。

(4)土壤湿度传感器。

(5)温湿度传感器。

接下来看看怎样将多个掌控板的数据汇集在一起。

8.3 掌控板的广播功能

掌控板本身具有广播功能,这个项目中我们就利用掌控板的这个能力,通过广播的方式将多个掌控板的数据汇集在一起。

8.3.1 radio库

广播是一种开放式的无线通信形式,如果要使用广播功能首先需要导入radio库,radio库支持13个通道(Channel),在相同的通道内能接收成员发出的广播消息。radio库当中包含了广播使用的函数和属性,常用的函数如下所示:

(1)on(),用于开启无线功能,函数无参数。

(2)off(),用于关闭无线功能,函数无参数。

(3)config(channel),用于配置无线广播,参数channel表示通道,取值范围为1~13。

(4)receive(),用于接收无线广播消息,消息以字符串形式返回。最大可接收250字节数据。如果没有接收到消息,则返回None。当receive内参数为True时,即receive(True),则返回由信息和mac地址组成的元组(msg,mac)。默认缺省为receive(False)。

(5)receive_bytes(),用于以字节形式接收无线广播消息,其他与receive()相同。

(6)send(),用于发送无线广播消息,发送数据类型为字符串。发送成功后返回True,否则返回False。

（7）send_bytes()，用于以字节形式发送无线广播消息。发送成功后返回True，否则返回False。

8.3.2 发送数据

可以在REPL模式下导入radio库并查看库中的函数与属性，如下所示：

```
>>> import radio
>>> radio.
__class__      __init__      __name__      send
config         off           on            receive
receive_bytes  send_bytes
>>> radio.
```

其中我们能看到上一节介绍的函数。

下面先来编写一个程序，实现每隔1s发送一次字符串"Python"，对应代码如下：

```
from mpython import *
import radio

radio.on()
radio.config(channel = 2)

while True:
    radio.send("Python")
    sleep(1)
```

将这段代码刷入掌控板，对应掌控板就会定时发送字符串。

8.3.3 接收数据

为了能够看到掌控板发送的数据，我们需要准备另一块掌控板，将其连接到电脑上，同时给上一块掌控板供电。此时在mPython中进入REPL模式，按照以下操作查看接收的数据。

```
>>> import radio
>>> radio.config(channel = 2)
>>> radio.on()
>>> radio.receive()
```

```
'Python'
>>> radio.receive(True)
('Python','246F2843E94C')
>>>
```

这里能看到当使用receive()函数输入参数True时，返回的是由信息和Mac地址组成的元组(msg,mac)，这个Mac地址就在掌控板正面OLED显示屏的右下角位置。通过指定Mac地址可以实现只接收指定的掌控板发来的消息。

如果我们让这块掌控板每收到一条"Python"消息便改变一下三个全彩LED的状态，即收到一条"Python"的消息将三个全彩LED变为红色，再收到一条"Python"的消息将三个全彩LED熄灭，那么对应的代码如下：

```
from mpython import *
import radio

radio.on()
radio.config(channel = 2)

state = 0

while True:
  if radio.receive() == "Python":
    if state == 0:
      rgb[0] = (255,0,0)
      rgb[1] = (255,0,0)
      rgb[2] = (255,0,0)
      rgb.write()
      state = 1
    else:
      rgb[0] = (0,0,0)
      rgb[1] = (0,0,0)
      rgb[2] = (0,0,0)
      rgb.write()
      state = 0
```

程序运行时，由于之前的掌控板一直在发送数据，因此，就能看到这块掌控板的三个全彩LED在不停地闪烁。而此时如果之前的掌控板断电了，那么对应的这块掌控板的三个全彩LED状态也不变了。

8.3.4 广播的缺点

广播是一种"一对所有"的通信模式，一个设备发出的信号，所有设备都可以收到，由于其不用选择路径，所以网络成本可以很低。有线电视及电台广播都是典型的广播型网络，电视机实际上是接收所有频道的信号，但只将一个频道的信号还原成画面；同样的，收音机实际上也是接收了所有频道的信号，只是将其中一个频道的信号转换成了声音。

广播最大的缺点就是数据是完全透明的，如果在广播的覆盖范围内，任意一个相同通道的设备都能够收到所有的通信信息，因此，广播的形式不太适合传递机密的信息。

8.3.5 改进节点的程序

虽然项目中的掌控板都是以广播的形式进行通信的，但我们依然以一种主从方式进行通信，即只有主掌控板发送了请求数据的广播之后，各个房间的掌控板才会返回带数据的广播。采用这种方式后改进的节点控制板的程序如下：

```
from mpython import *
from dht import DHT11
from machine import Timer
import radio
import json

radio.on()
radio.config(channel = 2)

myDht = DHT11(Pin(Pin.P0))
P1 = MPythonPin(1,PinMode.ANALOG)

room = '1'                                              #1
data = {'temperature':0,                                #2
        'humidity':0,
        'moisture':0,
        'light':0
    }

def tim1_callback(n):
  myDht.measure()
```

```
    value = P1.read_analog()

    oled.fill(0)
    oled.DispChar("环境温度:"+str(myDht.temperature()),0,0)
    oled.DispChar("空气湿度:"+str(myDht .humidity()),0,15)
    oled.DispChar("土壤湿度:"+str(int(value)),0,30)
    oled.DispChar("光线强度:"+str(light.read()),0,45)

    oled.show()

tim1 = Timer(1)
tim1.init(period = 1000,mode = Timer.PERIODIC,callback = tim1_callback)

while True:
  if radio.receive() == room:                                          #3
    myDht.measure()
    data['temperature'] = myDht.temperature()
    data['humidity'] = myDht.humidity()
    data['moisture'] = P1.read_analog()
    data['light'] = light.read()
    radio.send(json.dumps(data))                                       #4
```

代码讲解 我们参考程序中注释的数字标号，具体内容如下：

#1部分，新建一个表示房间号的变量，这个变量会用于之后的判断（见#3部分）。新建变量的目的是之后再换一块掌控板刷入程序的时候，只要更改变量的值就可以了。比如这里是房间1，如果换成房间2，只要将变量的值变为2即可。

#2部分，创建一个字典用来保存环境温度、环境湿度、土壤湿度、光线强度这四个值。采用字典的形式之后能够方便地转换成JSON格式的字符串。

#3部分，判断是不是发给自己的数据。这里主掌控板发送的数据非常简单，就是代表房间号的数字字符。程序中判断与自己的房间号一致，则开始将新的测量值赋值给字典。此处还可以判断发送消息的掌控板的Mac地址，这样就能指定只接收主掌控板发送过来的消息了。

#4部分，将字典序列化之后通过广播发送出去。

将程序刷入掌控板，至此一个节点的制作就完成了。按照同样的步骤和硬件配置再制作几个节点，注意每个节点程序中的room变量是不同的。这里我制作了3个节点，room的值分别为"1""2""3"。将三个节点的土壤湿度传感器分别插入三盆花当中。这样节点的工作就完成了，每个节点的显示屏上都会实时显示当前的环境温度、环境湿度、土壤湿度、光线强度。

8.4 连接网络层

8.4.1 主掌控板功能描述

各个节点的工作完成之后，接下来就要完成主掌控板的部分了。

开始之前，我们先梳理一下主掌控板的任务：

（1）发送广播消息获取各个节点的信息。

（2）通过按键切换显示屏上的数据。

（3）定时将数据汇集发送到OneNET平台。

（4）接收OneNET平台的指令。

（5）可通过继电器控制加湿器工作。

这几个任务当中，第（3）项和第（4）项的任务前面都已经讲得比较多了，而第（5）项任务就是利用引脚的数字输出功能控制继电器，继电器模块后端我们可以连接220V电压以内的加湿器，交流直流都可以。简单地通过控制引脚的高低（引脚的数字输出模式）控制继电器的吸合，我们就能控制加湿器是否工作。本书只介绍程序部分，对于继电器的使用和介绍就不单独展现了。

至于第（1）项任务和第（2）项任务，则是上一节内容的一个复杂应用，这两项任务会产生最后发送到OneNET平台的数据。下面我们逐步完成主掌控板的程序。

8.4.2 汇集数据

汇集数据的过程就是通过发送广播消息获取各个节点的信息。这个操作的频率是30s，每10s询问一个节点的数据，这里依然用定时器来实现。对应程序如下：

```
from mpython import *
from machine import Timer
import radio
import json

radio.on()
radio.config(channel = 2)

room = 0

#1 定义一个用于保存数据的字典
data = {
  'temperature1':0,
  'humidity1':0,
  'moisture1':0,
  'light1':0,
  'temperature2':0,
  'humidity2':0,
  'moisture2':0,
  'light2':0,
  'temperature3':0,
  'humidity3':0,
  'moisture3':0,
  'light3':0
  }

#2 定时器的回调函数
def tim1_callback(n):
  global room
  room = room + 1
  if room == 4:
    room = 1
  radio.send(str(room))
  print("Send Msg")

#定义一个定时器,周期为10s
tim1 = Timer(1)
tim1.init(period = 10000,mode = Timer.PERIODIC,callback = tim1_callback)

while True:
  #3 不断接收数据
  receMsgJson = radio.receive()
  if receMsgJson != None:
```

```
    print(receMsgJson)
    receMsg = json.loads(receMsgJson)
    data['temperature'+str(room)] = receMsg['temperature']
    data['humidity'+str(room)] = receMsg['humidity']
    data['moisture'+str(room)] = receMsg['moisture']
    data['light'+str(room)] = receMsg['light']

    if room == 3:
        print(data)
```

代码讲解我们参考程序中注释的数字标号，具体内容如下：

1#部分，为了之后便于将数据发送给OneNET平台，这里定义了一个包含12个元素的字典。

#2部分，在定时器的回调函数中，使用了全局变量room，对应广播就是room的值（房间号）。每广播一次，room值加1，由于这里只定义了3个房间，所以当room等于4的时候将值改为1。

#3部分，接收广播数据的工作是一直都在进行的。收到信息之后，会先进行反序列化，然后通过变量room的值将数据对应放到字典中。

#4部分，收到三个房间的数据之后，将整个字典的内容输出显示到软件的控制台中。

将程序刷入掌控板，待程序正常运行后，每隔30s就会在mPython软件的控制台中看到对应的3个节点的数据。显示内容如下：

```
Send Msg
{"humidity":19,"temperature":23,"light":400,"moisture":2941.643}
Send Msg
{"humidity":19,"temperature":23,"light":390,"moisture":2354.441}
Send Msg
{"humidity":19,"temperature":23,"light":400,"moisture":2436.281}

{'moisture3':2436.281,'moisture2':2354.441,'moisture1':2941.643,'light3':400,'temperature1':23,'light2':390,'light1':400,'temperature2':23,'temperature3':23,'humidity1':19,'humidity2':19,'humidity3':19}
```

这里由于每次收到数据后都会将其输出显示出来，所以能看到在输出data数据之前会有三条数据。

8.4.3 在显示屏上显示数据

收集了数据之后，第二步我们要在掌控板的显示屏上显示数据。显示格式与节点一致，唯一不同是在显示屏的右上角会有一个表示房间号的数字。同时我们可以通过掌控板的按键B切换所显示的信息。

由于只有更新了数据刷新显示才有意义，因此，只有每次接收了三个数据以及按下了B键之后才会更新显示的内容。具体的代码如下（红色为增加的部分）：

```
from mpython import *
from machine import Timer
import radio
import json

radio.on()
radio.config(channel = 2)

room = 0
showRoom = 1

data = {
  'temperature1':0,
  'humidity1':0,
  'moisture1':0,
  'light1':0,
  'temperature2':0,
  'humidity2':0,
  'moisture2':0,
  'light2':0,
  'temperature3':0,
  'humidity3':0,
  'moisture3':0,
  'light3':0
  }

def tim1_callback(n):
  global room
  room = room + 1
  if room == 4:
    room = 1
```

```python
    radio.send(str(room))
    print("Send Msg")

def b_button_down(_):
    global showRoom
    showRoom = showRoom + 1
    if showRoom == 4:
        showRoom = 1
    showInfo()

def showInfo():
    oled.fill(0)
    oled.DispChar("环境温度:"+str(data['temperature'+str(showRoom)]),0,0)
    oled.DispChar("空气湿度:"+str(data['humidity'+str(showRoom)]),0,15)
    oled.DispChar("土壤湿度:"+str(data['moisture'+str(showRoom)]),0,30)
    oled.DispChar("光线强度:"+str(data['light'+str(showRoom)]),0,45)
    oled.DispChar(str(showRoom),120,0)
    oled.show()

tim1 = Timer(1)
tim1.init(period = 10000,mode = Timer.PERIODIC,callback = tim1_callback)

button_b.irq(trigger = Pin.IRQ_FALLING,handler = b_button_down)

while True:
    receMsgJson = radio.receive()
    if receMsgJson != None:
        print(room)
        print(receMsgJson)
        receMsg = json.loads(receMsgJson)
        data['temperature'+str(room)] = receMsg['temperature']
        data['humidity'+str(room)] = receMsg['humidity']
        data['moisture'+str(room)] = receMsg['moisture']
        data['light'+str(room)] = receMsg['light']

        if room == 3:
            print(data)
            showInfo()
```

这段代码中处理按键B的事件采用的是中断模式，而显示数据的部分单独写成了函数showInfo()。另外由于需要记住目前显示的是哪个房间花盆的数据，所以新建了一个变量showRoom。

将程序刷入掌控板，待程序正常运行后，我们按下按键B就能够看到不同房间的数据，不过要注意信息要每隔30s才更新一次。

8.4.4 将数据上传给OneNET平台

最后将上一节的程序与7.2.3节的程序融合就完成了主掌控板的程序，如下所示：

```python
from mpython import *
from machine import Timer
from umqtt.simple import MQTTClient
import radio
import json


SSID = "CMCC-DENG"           #这里要换成你的网络名称，CMCC-DENG是我的网络名称
PASSWORD = "你的网络密码"                                    #你的网络密码


mywifi = wifi()
mywifi.connectWiFi(SSID,PASSWORD)

#设置控制继电器的引脚模式为输出
P0 = MPythonPin(0,PinMode.OUT)


room = 0
showRoom = 1


SERVER = "183.230.40.39"
CLIENT_ID = "674874420"
username = '221628'
password = ' = tJPcRnKNgski = sTPI7 = tXozPzI = '

mqtt = MQTTClient(CLIENT_ID,SERVER,6002,username,password,keepalive = 300)

data = {
  'temperature1':0,
  'humidity1':0,
  'moisture1':0,
  'light1':0,
  'temperature2':0,
  'humidity2':0,
  'moisture2':0,
```

```python
    'light2':0,
    'temperature3':0,
    'humidity3':0,
    'moisture3':0,
    'light3':0
    }

def tim2_callback(n):
    global room
    room = room + 1
    if room == 4:
        room = 1
    radio.send(str(room))
    print("Send Msg")

def b_button_down(_):
    global showRoom
    showRoom = showRoom + 1
    if showRoom == 4:
        showRoom = 1
    showInfo()

def showInfo():
    oled.fill(0)
    oled.DispChar("环境温度:"+str(data['temperature'+str(showRoom)]),0,0)
    oled.DispChar("空气湿度:"+str(data['humidity'+str(showRoom)]),0,15)
    oled.DispChar("土壤湿度:"+str(data['moisture'+str(showRoom)]),0,30)
    oled.DispChar("光线强度:"+str(data['light'+str(showRoom)]),0,45)
    oled.DispChar(str(showRoom),120,0)
    oled.show()

def byteData(data):
    #data应为字典类型的数据，使用dumps()将数据序列化，变为字符串
    jsonData = json.dumps(data)
    jsonDataLen = len(jsonData)
    #建立一个列表，列表的长度比字符串的长度多3
    arr = bytearray(jsonDataLen + 3)
    arr[0] = 3                                                         #类型3

    #后面字符串长度高位字节
    arr[1] = int(jsonDataLen/256)
    #后面字符串长度低位字节
    arr[2] = jsonDataLen % 256
```

```
    #将字符串加到列表的后面
    arr[3:] = jsonData.encode('ascii')
    return arr

def mqtt_callback(topic,msg):
    topic = str(topic,'utf-8')
    msg = str(msg,'utf-8')
    print(topic)
    print(msg)

    recMsg = json.loads(msg)
    if recMsg['name'] == 'switch' and recMsg['value'] == 1:
        #打开继电器
        P0.write_digital(1)

    if recMsg['name'] == 'switch' and recMsg['value'] == 0:
        #关闭继电器
        P0.write_digital(0)

def tim1_callback(n):
    mqtt.ping()

def tim3_callback(_):
    receMsgJson = radio.receive()
    print(receMsgJson)
    if receMsgJson != None:
        print(room)
        print(receMsgJson)
        receMsg = json.loads(receMsgJson)
        data['temperature'+str(room)] = receMsg['temperature']
        data['humidity'+str(room)] = receMsg['humidity']
        data['moisture'+str(room)] = receMsg['moisture']
        data['light'+str(room)] = receMsg['light']

    if room == 3:
        print(data)
        showInfo()
        mqtt.publish('$dp',byteData(data))

#设置MQTT回调函数
mqtt.set_callback(mqtt_callback)
mqtt.connect()
```

```
radio.on()
radio.config(channel = 2)

#创建定时器1发送保持连接的ping()操作
tim1 = Timer(1)
tim1.init(period = 30000,mode = Timer.PERIODIC,callback = tim1_callback)

#创建定时器2汇集其他掌控板的数据
tim2 = Timer(2)
tim2.init(period = 10000,mode = Timer.PERIODIC,callback = tim2_callback)

#创建定时器3用来接收广播
tim3 = Timer(3)
tim3.init(period = 200,mode = Timer.PERIODIC,callback = tim3_callback)

button_b.irq(trigger = Pin.IRQ_FALLING,handler = b_button_down)

while True:
  mqtt.wait_msg()
```

这里要注意处理接收信息的部分，关键字"name"的值为"switch"，这个值要和后面的小程序部分对应。另外控制的引脚是P0，硬件连接方面我们将继电器连接到P0引脚。

8.5 小程序界面设置

8.5.1 调整应用

主掌控板的程序完成之后，掌控板到OneNET平台的部分就完成了。最后来到微信的小程序部分设置应用的界面。

由于这里我们有3个房间的数据，而每个房间又有4个具体的数据，所以要先调整"我的应用"。具体操作为删除原有应用，增加3个新的应用，名称分别为SmartHome1、SmartHome2和SmartHome3，如图8.9所示。

每个应用中都包含4个折线图和1个开关。注意：每个组件的名称都要和主掌控板中的程序对应。比如在应用SmartHome1中，开关的名称为switch，而4个折线图的名称分别为temperature1、humidity1、moisture1和light1，如图8.10所示。

图8.9　调整"我的应用"

图8.10　每个应用中都包含4个折线图和1个开关

对应地，在SmartHome2中，开关的名称为switch，而4个折线图的名称分别为temperature2、humidity2、moisture2和light2；在SmartHome3中，开关的名称为switch，而4个折线图的名称分别为temperature3、humidity3、moisture3和light3。

这样应用就调整完了，下面来看如何使用这些应用。

8.5.2 使用小程序

使用小程序，可以先点击"我的掌控板"中的"配置"（见7.1.2节中图7.5）。在这里可以选择使用的应用，如图8.11所示。

图8.11 "我的掌控板"中的"配置"

由于我们有3个应用，这里就有3个选项。可以理解为选择哪个应用就是查看哪个房间的数据。

选中一个应用之后（比如SmartHome1），我们再回到图7.5的界面，点击所添加掌控板的空白区域（字符"在线"与"掌控Python"之间的区域），进入对应的交互界面，如图8.12所示。

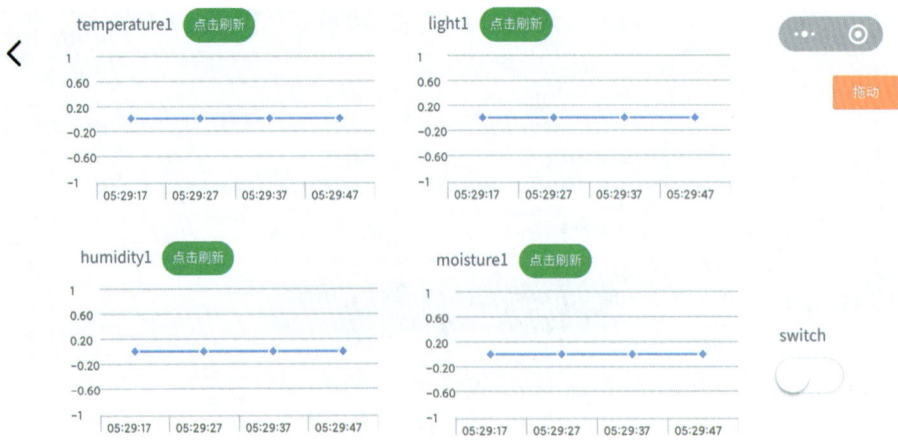

图8.12 应用SmartHome1的界面

这里就能看到对应房间花盆的环境温度、环境湿度、土壤湿度以及光线强度。同时通过开关还能够控制加湿器的工作。至此小程序的部分就完成了。

> **说　明**
>
> 　　第一次进入应用的时候，组件可能会堆叠在一起。我们可以手动将各个组件拖到合适的位置，然后点击"保存"按钮将组件的位置固定。